Neepa Biswas
Sudarsan Biswas

Um guia abrangente para a pesquisa de processos ETL e tendências futuras

Neepa Biswas
Sudarsan Biswas

Um guia abrangente para a pesquisa de processos ETL e tendências futuras

ScienciaScripts

Imprint

Any brand names and product names mentioned in this book are subject to trademark, brand or patent protection and are trademarks or registered trademarks of their respective holders. The use of brand names, product names, common names, trade names, product descriptions etc. even without a particular marking in this work is in no way to be construed to mean that such names may be regarded as unrestricted in respect of trademark and brand protection legislation and could thus be used by anyone.

Cover image: www.ingimage.com

This book is a translation from the original published under ISBN 978-620-7-47694-7.

Publisher:
Sciencia Scripts
is a trademark of
Dodo Books Indian Ocean Ltd. and OmniScriptum S.R.L publishing group

120 High Road, East Finchley, London, N2 9ED, United Kingdom
Str. Armeneasca 28/1, office 1, Chisinau MD-2012, Republic of Moldova, Europe
Printed at: see last page
ISBN: 978-620-8-19146-7

Resumo

A tomada de decisões atempada e precisa proporciona uma vantagem competitiva a cada organização que necessita de armazenar e aceder rapidamente ao grande volume de dados transaccionais diários. No ambiente de Data Warehouse (DW), a Extração, Transformação e Carregamento (ETL) é uma tecnologia fundamental que refina e integra um grande fluxo de dados operacionais e externos heterogéneos de qualquer organização. O valor dos dados organizacionais é significativamente melhorado quando a migração de conteúdos de várias fontes é efectuada de forma significativa através do processo ETL.

Nos últimos anos, a utilização de ETL para construir e gerir armazéns de dados tem vindo a ganhar popularidade em várias aplicações reais, como o comércio eletrónico, a banca, a governação eletrónica, etc. Além disso, muitas aplicações industriais (deteção de fraudes, processamento de pagamentos, análise de ponta da Internet das coisas, etc.) exigem a integração e a elaboração de relatórios em tempo real sobre dados adquiridos a partir de fontes de dados heterogéneas. Estão a surgir muitos tipos de soluções ETL para resolver estes problemas, como Lote versus Tempo real e No local versus Nuvem.

A ETL é uma área de investigação significativa para um ambiente de Data Warehouse bem estabelecido. Nesta tese, discuti a principal motivação por detrás do trabalho de investigação de doutoramento, juntamente com uma breve pesquisa bibliográfica e o meu trabalho de investigação realizado neste domínio. Neste trabalho, concentrei-me no planeamento e na implementação de um processo ETL padrão que incorpora caraterísticas de integração de dados em tempo real num ambiente de nuvem para lidar com grandes volumes de dados e realizar análises de dados de forma eficiente. Nesta tese, trabalhei na modelação, simulação e análise empírica de processos ETL tradicionais e em tempo real e na proposta avançada de gestão de fluxos de trabalho ETL através da utilização de aprendizagem automática e da transferência da carga de trabalho ETL para o ambiente de nuvem.

Índice

Acrónimos

API Application Programming Interface

ATM Air traffic management

BAM Business Activity Monitoring

BI Business Intelligence

BPMN Business Process Model and Notation

CDC Change Data Capture

CI Continuous Integration

CRM Customer Relationship Management

CST Cameo Simulation Toolkit

CSR C loud service resources

CWM Common warehouse metamodel

DSS Decision support system

DVO Data Validation Option

DW Data warehouse

EAI Enterprise Application Integration

EMD Entity mapping diagram

ERP Enterprise Resource Planning

ETL Extract Transform Load

fUML Foundational UML

G2B Government-to-business

G2C Government-to-citizen

G2E Government-to-employees

G2G Government-to-government

GUI Graphical User Interfaces

IaaS Infrastructure as a Service

ICT Information and communications technologies

INCOSE International Council on Systems Engineering

IoT Internet of Things

KM Knowledge Management

LOC Lines of code

M3C World Wide Web Consortium

MDA Model driven architecture

MDD Model-Driven Development

ML Machine-learning

ODS Operational Data Stores

ODI Oracle Data Integrator

OLAP Online analytical processing

OLTP On-line Transaction Processing

OMG Object Management Group

PaaS Platform as a Service

PIM Platform Independent Model

PSM Platform Specific Model

QoS quality of service

QVT Query View Transformation

RTDC Real time data cache

SaaS Software as a Services

SCD Slowly changing dimension

SSIS SQL Server Integration Service packages

SysML Systems Modeling Language

UML Unified Modeling Language

xUML Executable UML

Capítulo 1: Introdução

1.1   Armazém de dados e ETL

O conceito de armazenamento de dados surgiu na década de 1980 para ajudar a avaliar os dados armazenados em sistemas de bases de dados não relacionais. Foi criado para permitir às empresas tirar partido dos seus dados armazenados para obterem uma vantagem competitiva. O armazenamento de dados é o processo de recolha, armazenamento e gestão de dados de diversas fontes, a fim de obter informações comerciais significativas. É também conhecido como armazenamento eletrónico e é utilizado pelas empresas para armazenar grandes quantidades de dados e informações. É um componente vital de um sistema de business intelligence que utiliza técnicas de análise de dados. O armazenamento de dados é um processo de conversão de dados em informações e de disponibilização das mesmas aos consumidores em tempo útil, de modo a fazer a diferença. A análise de dados é utilizada para fornecer mais informações sobre o desempenho de uma organização, comparando dados de várias fontes diferentes. Um armazém de dados efectua consultas e análises sobre dados históricos recebidos de fontes transaccionais.

Um armazém de dados (DW) é um repositório de dados históricos que contém dados transaccionais em formato relacional [25]. No armazém, os dados são armazenados numa estrutura padrão que é obtida através da integração de dados de diferentes fontes operacionais de uma organização. Hoje em dia, a análise de dados tornou-se uma parte integrante de qualquer organização para alcançar um desempenho optimizado. Os analistas de negócio [3, 75] podem aceder a esses dados, efetuar análises, incorporar aplicações de Business Intelligence (BI), fazer previsões e tomar decisões estratégicas. Para manter um DW, o foco principal é gerenciar as grandes quantidades de dados gerados a partir de diferentes tipos de sistemas (SAP, ERP, Oracle, mainframe, etc.) e armazenar esses dados em uma estrutura uniforme [31].

Para aceder e gerir esses dados, a ETL desempenha um papel importante. O ETL é um processo amplamente utilizado nas organizações empresariais [85]. Este processo identifica e extrai dados de várias fontes, filtra e personaliza esses dados de acordo com o formato pretendido e, por fim, integra-os e actualiza-os no DW.

O DW tradicional é utilizado para armazenar dados estáticos. Os dados empresariais integrados a partir de fontes de dados heterogéneas num DW são utilizados para realizar análises estratégicas. Os dados são capturados, agregados, limpos e analisados para obter melhores decisões. A decisão analítica depende não só das aplicações de processamento de dados, mas também dos dados derivados. Por conseguinte, os dados devem ser exactos, relevantes e oportunos. Dados mais oportunos garantem uma melhor tomada de decisões. No ETL tradicional de processamento em lote, a atualização do DW é realizada em modo off-line diariamente, semanalmente ou mensalmente [86]. Os dados são extraídos de diferentes fontes; em seguida, são limpos, transformados e carregados no armazém de dados. Estas actividades são geralmente realizadas à noite, durante o período de inatividade do armazém. Qualquer interferência é indesejada durante o carregamento e o processamento de consultas do DW. Estes dados históricos são armazenados para efeitos de análise futura. O método básico de armazenamento de dados e o papel do processo ETL podem ser encontrados na Figura 1.1.

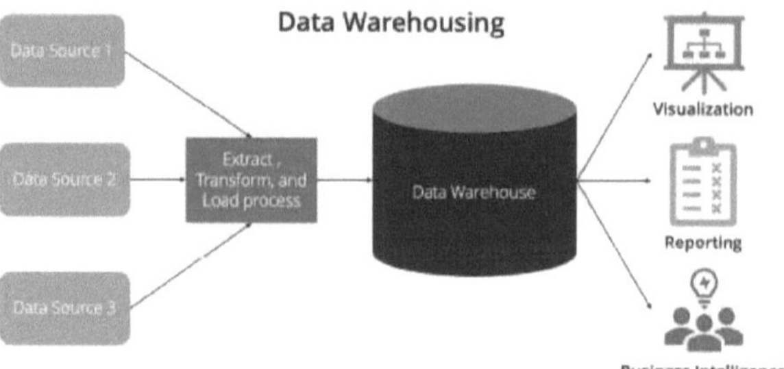

Figura 1.1: Processo básico de armazenamento de dados

1.2 E-T-L (Extrair, Transformar e Carregar)

O ETL é um paradigma padrão em que os dados são limpos e integrados a partir de várias fontes e, posteriormente, armazenados num Data warehouse ou noutro sistema. O ETL é um processo bem definido para criar e manter um DW. Durante muitos anos, o ETL tem sido um processo fiável para as organizações obterem uma visão consolidada dos seus dados valiosos para tomarem melhores decisões comerciais. Em 1970, a ETL começou a ganhar popularidade quando as organizações começaram a utilizar vários repositórios de dados para armazenar vários tipos de dados empresariais, tais como salários, vendas, inventário, etc. O número de tipos de dados, fontes e sistemas está a aumentar de dia para dia. O ETL era uma das várias alternativas para gerir esses dados provenientes de fontes díspares e misturá-los num formato uniforme e, finalmente, carregá-los no sistema de destino. Assim, as ferramentas ETL fabricadas pelos fornecedores tornaram-se uma solução viável para as organizações empresariais com dados.

1.3 Arquitetura ETL geral

Atualmente, muitas organizações estão a criar os seus próprios Data Warehouses empresariais para preservação de dados históricos, relatórios e tarefas analíticas. A criação de relatórios analíticos utilizando BI, a formação de sistemas de apoio à decisão (DSS), a extração de dados e, finalmente, a tomada de decisões corretas são possíveis com base nos dados consolidados no DW. De acordo com a Gartner[1], na era da Internet das Coisas (IoT) a nível mundial, 20 mil milhões de dispositivos estarão ligados até 2022. Um grande número de dispositivos mais inovadores e ligados desencadeará um afluxo maciço de dados. Isto leva a uma preparação, integração, monitorização e visualização contínuas dos dados. Atualmente, o elevado volume de dados gerados por cada organização necessita de uma gestão eficiente. O Data Warehousing e o ETL podem desempenhar um papel crucial neste cenário. O ETL é um processo sistemático para transferir dados provenientes de várias fontes, limpá-los de acordo com os requisitos e carregá-los no DW de

---

[1] https://www.gartner.com/imagesrv/books/iot/iotEbook_digital.pdf

6

destino. Um fluxo de trabalho ETL geral é representado na Figura 1.2. [*]

O crescente volume de dados, a expansão da rede, as restrições orçamentais, a diversidade de antecedentes e a elevada qualidade dos dados exigem novos desafios para cada fornecedor de integração de dados. Vamos ter uma breve ideia do processo de extração-transformação-carregamento (ETL).

Extração: Em primeiro lugar, os dados têm de ser extraídos de diferentes tipos de fontes de dados. A origem das fontes de dados pode ser ficheiros de texto, folhas de cálculo, interfaces de programação de aplicações (API), sítios Web, sensores, bases de dados OLTP, sistemas ERP/CRM, etc., de tipo estruturado ou semi-estruturado. Estes dados heterogéneos devem ser selecionados e combinados através da identificação de relações lógicas entre eles. As fontes podem produzir quantidades variáveis de dados com taxas de entrada variáveis. Esta fase tem algumas tarefas adicionais com tarefas de limpeza e validação dos dados recebidos. Logicamente, nesta fase podem ser realizadas tarefas de extração completa ou de extração incremental. Algumas tarefas básicas de limpeza são efectuadas durante esta fase, como a verificação de spam, a reconciliação dos dados extraídos com os dados de origem, a verificação do tipo de dados, a remoção de duplicados, a verificação de chaves, etc.

Transformar: A segunda fase trata das tarefas de transformação dos dados, reformulando-os num formato uniforme de acordo com os requisitos da empresa. Esta tarefa de transformação é efectuada nos dados adquiridos na fase anterior. Para esta tarefa, os dados são colocados na área de preparação. Para o efeito, deve ser aplicado um conjunto de regras de transformação. Os dados reformatados devem poder ser lidos por qualquer ferramenta analítica. Nesta fase, os dados são reformulados de acordo com o formato adequado do armazém de dados de destino. Algumas validações comuns efectuadas nesta fase são a filtragem, a conversão de unidades, as tabelas de pesquisa, a divisão de linhas e colunas, a fusão, a transposição, etc.

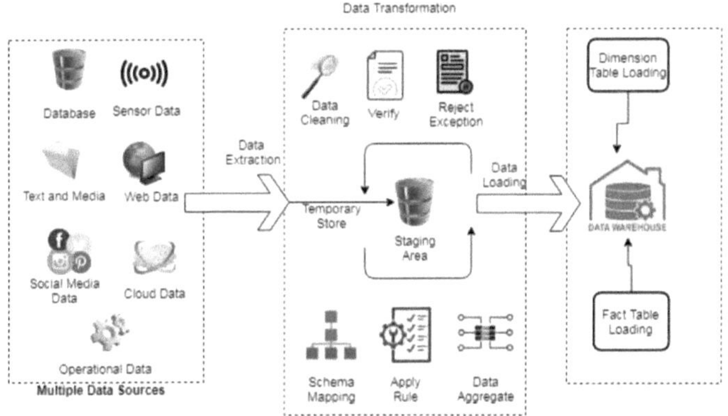

Figura 1.2: Fluxo de trabalho ETL geral

Carregamento: A última fase carrega os dados reformatados para o DW ligado. Aí podem ser utilizados para efeitos de consulta no futuro e para preservar o histórico. Esta fase é responsável pela ingestão dos dados no DW de acordo com a estrutura das tabelas de factos e de dimensões. Podem ser efectuados dois tipos de carregamento: carregamento inicial e atualização incremental. O tipo inicial carrega todos os dados para o DW, enquanto o tipo incremental carrega apenas os conteúdos actualizados para o DW. A taxa e o intervalo de carregamento dependem dos requisitos do sistema.

No processo ETL tradicional, o carregamento em lote é efectuado com uma janela de tempo fixa para preencher o DW. Mas, atualmente, muitas aplicações reais estão a mostrar o seu interesse em cenários de ETL em tempo real. Ajuda a recolher actualizações de dados em tempo útil, o que conduz a uma BI, a relatórios e à tomada de decisões baseadas em dados. Para dar resposta à aplicação que exige uma baixa latência e um funcionamento em tempo real, A ETL tem vindo a apresentar muitas novas funcionalidades, desde o processamento em lote ao micro-lote e ao fluxo de dados.

1.2 Três etapas do ETL

O fluxo de trabalho ETL pode ser dividido em três fases. São elas a extração, a transformação e o carregamento. O procedimento geral é apresentado na Figura 1.3. Nesta secção, descrevem-se sucintamente alguns pormenores técnicos das três fases do fluxo de trabalho ETL. A subsecção seguinte aborda algumas questões técnicas, desenvolvimentos e trabalhos de investigação críticos.

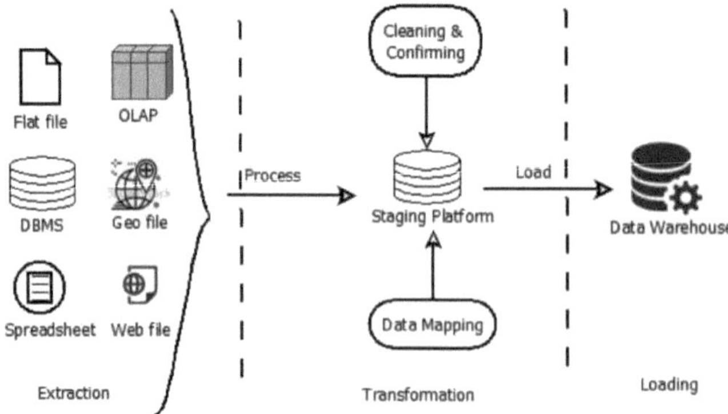

Figura 1.3: Estrutura ETL

1.4.1 Extrato

Durante o fluxo de trabalho ETL, a primeira tarefa consiste em identificar os dados relevantes e extraí-los das bases de dados de origem. A extração de dados brutos de diferentes tipos de sistemas de origem é uma das tarefas críticas da ETL. Cada sistema de origem pode ter um tipo diferente de formato de dados. Podem ser ficheiros simples, XML, formato de base de dados relacional ou não relacional ou outros tipos. Após a extração, os dados são convertidos num formato unificado para serem processados na fase seguinte.

Durante a operação de extração, uma das principais preocupações deve ser o mínimo de sobrecabeça da fonte. Assim, a extração de novos dados que chegam à fonte é uma abordagem preferível em relação à extração em intervalos regulares. Então, como é que identificamos a chegada de novos dados do lado da fonte? A aplicação da **notificação de atualização** é uma forma de identificar quaisquer alterações no lado da fonte. Depois de receber uma notificação, o processo de extração pode ser iniciado. Caso contrário, a extração de dados com intervalos contínuos pode causar sobrecarga na fonte.

Método de extração de dados lógicos

Antes de iniciar a fase de extração, é necessário decidir como estabelecer o processo de forma lógica ou física. Logicamente Podem ser executados dois tipos de métodos de extração.

- **Extração completa:** Neste método, todos os dados do lado da fonte são extraídos. Este método é aplicável aos sistemas que não conseguem identificar os dados que foram alterados. Porque nenhum registo é mantido em relação ao carregamento anterior.

- **Extração incremental:** Neste método, apenas são extraídos os dados alterados. Os dados alterados podem ser identificados comparando-os com o carregamento anterior. Cada registo de carga é atualizado no tipo de sistema em que é efectuada a extração incremental. Uma informação lógica adicional (carimbo de data/hora) é mantida no lado da fonte. Em relação à extração completa, a extração incremental tem grandes vantagens em termos de desempenho no fluxo de trabalho ETL [36].

- **Captura de dados alterados (CDC)** Um tipo de extração incremental pode ser designado por CDC. Esta técnica é adequada quando é necessário aceder apenas aos novos dados que foram modificados desde a última extração. No que diz respeito ao carregamento de dados em massa, quando os novos dados podem ser capturados, processados e actualizados no Data Warehouse de destino, a produtividade do processo ETL global torna-se mais eficiente.

  Durante muitas décadas, o CDC é um desafio de investigação [2, 20, 79]. O procedimento geral para detetar os dados alterados é apresentado na Figura 1.4. Foram propostas várias técnicas para detetar os dados alterados no sistema de origem. Algumas soluções CDC comuns são o registo transacional, o trigger da base de dados, a recolha de registos da base de dados e a deteção de registos, o diferencial de instantâneos, o índice com carimbo temporal, etc. Estes mecanismos são abordados mais pormenorizadamente no capítulo 5.

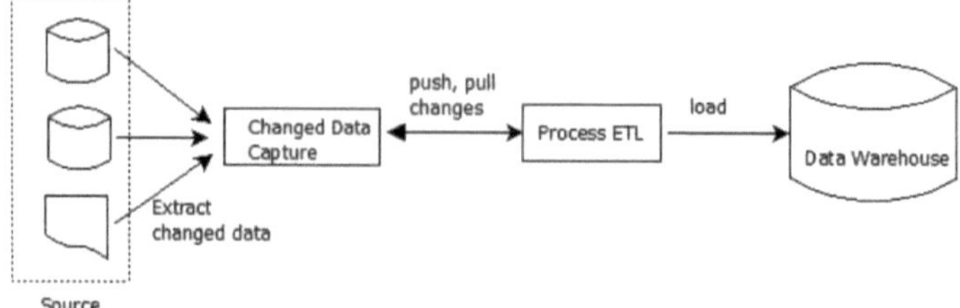

Figura 1.4: Captura de dados alterados

Métodos de extração de dados físicos

Fisicamente, o mecanismo de extração pode ser implementado de duas formas. Depende do método de extração lógica selecionado e das restrições do lado da fonte. Os métodos utilizados para a extração física de dados são

- **Extração em linha** Neste caso, os dados são obtidos diretamente da fonte. O processo de extração comunica diretamente com o sistema de origem para aceder aos dados necessários. A extração pode ser feita através de um sistema intermédio que armazena os dados num estilo pré-configurado.

- **Extração offline** Neste caso, os dados são armazenados fora do sistema de origem original. Os dados são obtidos indiretamente dessa área de preparação. Uma estrutura predefinida de dados segue a rotina de extração total.

1.4.2 Transformar

Nesta fase, os dados são limpos, conformados e personalizados de acordo com o formato DW. Após a extração, os dados são mantidos temporariamente num local denominado *Staging Area*. Esta pode ser utilizada como armazenamento de dados em trânsito durante o processo ETL. A limpeza, transformação e agregação são efectuadas nestes dados. Este local pode ser tratado como um local de fabrico onde os dados em bruto são processados como um requisito prévio do armazém de dados. Geralmente, as tabelas mantidas aqui são em forma de base de dados relacional. O utilizador não tem qualquer permissão para aceder aos dados da zona de preparação. Apenas o acesso, bem como a operação de leitura e escrita, é permitido para os processos ETL. Não pode ser efectuada qualquer consulta.

Limpeza dos dados A principal tarefa desta fase consiste em detetar e eliminar os erros dos dados extraídos. Geralmente, a limpeza é efectuada na área de preparação dos dados. A atividade de limpeza lida com diferentes conflitos. Vários tipos de problemas de limpeza são identificados e classificados no artigo [86, 67].

- **Os problemas a nível do esquema** referem-se principalmente a *conflitos de nomes* [41], em que o mesmo nome é utilizado para entidades diferentes ou podem ser utilizados nomes diferentes para a mesma entidade. *O conflito estrutural* [62] ocorre quando diferentes fontes operacionais representam o mesmo objeto de forma diferente.

- **Os problemas ao nível da instância** centram-se na remoção de registos duplicados relativos aos mesmos atributos que têm um tipo diferente de representação em fontes diferentes. Suponha-se que o estado civil, o sexo, o formato data/hora e a unidade monetária podem ter diferentes tipos de representação em diferentes fontes.

Para resolver este tipo de problema, é necessário aplicar muitos procedimentos de transformação, como a seleção, normalização, desnormalização, reformatação, junção, ordenação, divisão, geração de chaves de substituição, etc. Ao aplicar os procedimentos necessários, são produzidos dados limpos.

O processo **de conformidade** garante que os dados são compatíveis com o formato dos dados principais e com a aplicação da lógica empresarial adequada. Ao passar pelo processo de limpeza e confirmação, os dados ficam finalmente prontos para serem carregados.

Tipos básicos de transformação

Quando um conjunto de dados é extraído, precisa de passar por um processo de transformação básico. As tarefas de transformação preparam os dados para serem analisados no futuro. Algumas tarefas de transformação comuns são aqui abordadas.

- **Descodificação de campos:** Esta é uma das tarefas de transformação mais comuns. Para dados provenientes de vários sistemas de origem, é necessário descrever no mesmo tipo de item de dados. A codificação de *Masculino* para M e *Feminino* para F é um dos exemplos clássicos desta tarefa.

- **Conversão de unidades de medida:** As organizações empresariais com sucursais globais podem necessitar de converter várias unidades de medida.

- **Conversão de data/hora** Este tipo converte o formato de data e hora de acordo com os requisitos do DW. Suponhamos que é necessário converter o formato de data dos EUA (mm/dd/aaaa) para o formato de data da Europa (dd/mm/aaaa).

- **Conversão do conjunto de caracteres:** Esta técnica requer a conversão do conjunto de caracteres de acordo com o formato do conjunto de caracteres padrão do DW. Por exemplo, os dados de origem provenientes de um sistema de mainframe com conjunto de caracteres EBCDIC têm de ser convertidos para o formato ASCII se o DW tiver uma arquitetura baseada em PC.

- **Reestruturação de chaves** Após a extração, não é suficiente ter uma chave primária. É necessário estabelecer uma relação de chave dentro das tabelas. É necessário reconstruir as chaves substitutas geradas pelo sistema para as tabelas de factos e todas as tabelas de dimensões.

- **Deduplicação** O processo de identificação e remoção de registos duplicados é designado por Deduplicação. Por exemplo, pode haver muitos registos para um único cliente. No entanto, o DW manterá um único registo para um único cliente. Este tipo específico de transformação é aplicado neste caso.

Tipos de transformação avançados

- **Valores calculados e derivados:** Este processo efectua qualquer tarefa de cálculo sobre os dados extraídos antes de os armazenar no DW. Cálculo do total

vendas, margem de lucro, vendas médias, etc., são exemplos deste tipo.

- **Divisão de campos individuais:** Separação de uma única coluna de dados em várias colunas. Por exemplo, o nome total de um candidato precisa de ser dividido em nome próprio, nome do meio e apelido.

- **Fusão de informações:** Este processo combina diferentes campos de dados num único campo. Por exemplo, o custo, a descrição e o código do produto provêm de diferentes fontes de dados. Ao fundir diferentes campos de dados, pode ser criada uma única entidade.

- **Filtragem:** Por vezes, é necessário selecionar apenas determinadas linhas ou colunas.

- **Agregação:** Estabelecer a agregação de dados sobre os dados extraídos de múltiplas fontes e bases de dados.

- **Validação de dados** Algumas regras de validação de dados podem ser aplicadas neste segmento. Por exemplo, se as duas primeiras colunas de uma linha selecionada estiverem vazias, descartá-las para processamento.

- **Compactação:** Os valores dos vários campos são calculados e resumidos para serem carregados no DW. Suponhamos que uma empresa de marketing pretende analisar o seu estado de vendas. Para isso, é necessário descobrir o total de vendas de diferentes itens. Portanto, é necessário armazenar o valor compactado.

1.4.3   Carga

Nesta fase, os dados processados são finalmente actualizados no Data Warehouse. Após o carregamento, o utilizador pode aceder aos dados para análise posterior. O ambiente DW é concebido através da técnica de modelação dimensional que suporta a consulta de dados.

O carregamento pode ser efectuado através da atualização de dados anteriores num armazém ou da adição de novos dados para preservar informações históricas em intervalos síncronos, como diariamente, semanalmente, mensalmente, etc. A estratégia de carregamento [70, 32, 36] depende dos requisitos da organização. As diferentes estratégias de carregamento são apresentadas de seguida.

- **Carregamento inicial** Na primeira vez, as tabelas do data warehouse são carregadas.

- **Carregamento incremental** Atualizar periodicamente o armazém de dados para atualizar as alterações em curso.

- **Atualização completa** Apagar todos os dados de uma ou mais tabelas e atualizar com dados novos. O carregamento inicial é um dos tipos de carregamento inicial.

Durante o procedimento de carregamento, o armazém de dados deve estar em modo off-line. Não podem ser aplicadas consultas OLAP. Pode ser efectuado um carregamento periódico numa janela de lote ou de forma contínua. Devem ser aplicadas técnicas de otimização padrão para minimizar a janela de tempo.

Modelação dimensional

Fact e Dimension são dois conceitos essenciais na modelação dimensional. Durante o período de carregamento, a tabela de factos é carregada primeiro e, em seguida, as tabelas de dimensões correspondentes são carregadas no armazém. Finalmente, as tabelas de dimensão e as tabelas de factos são carregadas de acordo com o formato da base de dados de destino e os valores-chave estão logicamente relacionados com elas. Antes de passarmos à secção seguinte, vamos ter uma breve ideia sobre a modelação dimensional.

Tabela de factos e tabela de dimensões A tabela de factos é a principal tabela do armazém de dados que contém registos quantitativos do mundo real. Ela reside na posição central do esquema em estrela ou floco de neve do depósito. A tabela de factos está correlacionada com a tabela de dimensões. Geralmente, a tabela de factos tem dois tipos de entidades. Os dados de facto resumidos que precisam de ser analisados e as chaves estrangeiras de diferentes tabelas de dimensão. As tabelas de dimensão têm a coleção de informações de referência que são armazenadas numa tabela de factos.

Esquema em estrela A Figura 1.5 é uma conceção de modelação dimensional baseada num esquema em estrela. A tabela de factos está localizada na posição central. Quatro tabelas de dimensão rodeiam-na. Aqui *Fact_Sale* é a tabela de factos e *Dim_Date, Dim_Store, Dim_Product, Dim_Customer* são as suas tabelas de dimensões.

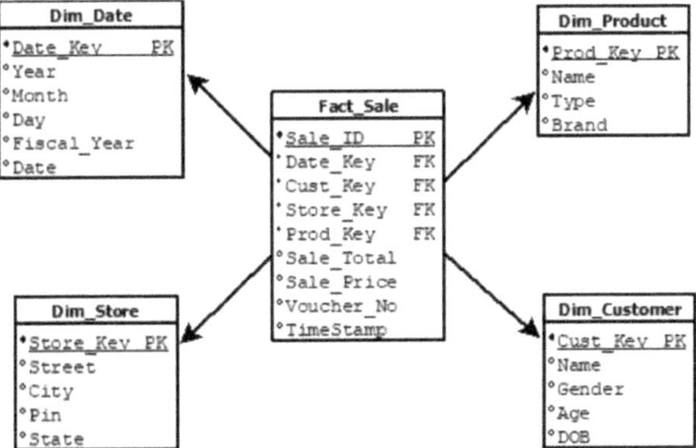

Figura 1.5: Exemplo de esquema em estrela

Esquema Snowflake A figura 1.6 representa a disposição de um esquema snowflake. É constituído por uma tabela de factos ligada a várias tabelas de dimensões. Além disso, estas tabelas de dimensão estão ligadas a outras tabelas de dimensão através de uma relação de muitos para um.

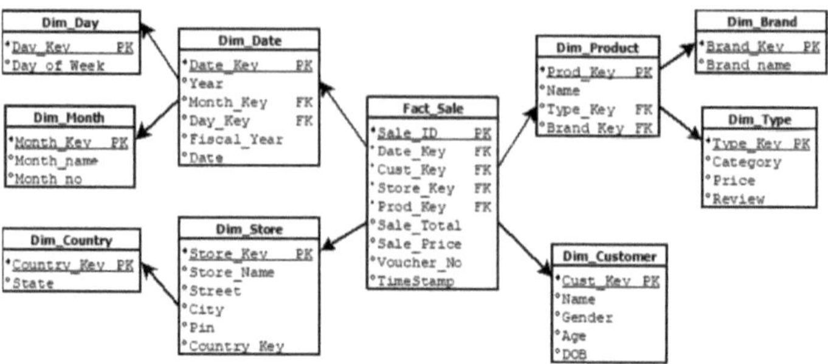

Figura 1.6: Exemplo de esquema Snowflake

Modo de carregamento

Antes de carregar o arquivo para as tabelas de dimensão do depósito, é necessário determinar como o processo de carregamento será aplicado. Existem diferentes modos de carregamento. A Figura 1.7 mostra todos os modos de carregamento usando um exemplo adequado.

- **Carregamento simples** Este processo apaga completamente o item de dados na tabela de destino e actualiza de novo a tabela com novos dados. Se a tabela de destino já estiver vazia, então este modo simplesmente preenche os novos dados.

- **Anexação** Suponha que o conteúdo da tabela já exista no depósito. Então, os novos dados de entrada serão adicionados e os dados anteriores serão preservados no armazém.

- **Fusão construtiva** Neste modo, se o valor chave dos dados de entrada corresponder aos dados existentes, os dados existentes são mantidos inalterados e os novos valores de dados são adicionados. O novo ponto aqui é que os dados recém-adicionados são marcados como um suplemento dos dados antigos.

- **Fusão destrutiva** Este modo actua um pouco ao contrário do modo anterior. Se o valor-chave dos dados de entrada corresponder ao valor-chave de destino, os dados de destino são actualizados. No caso de não haver correspondência entre os valores-chave e o registo de entrada, são simplesmente adicionados novos valores à tabela de destino.

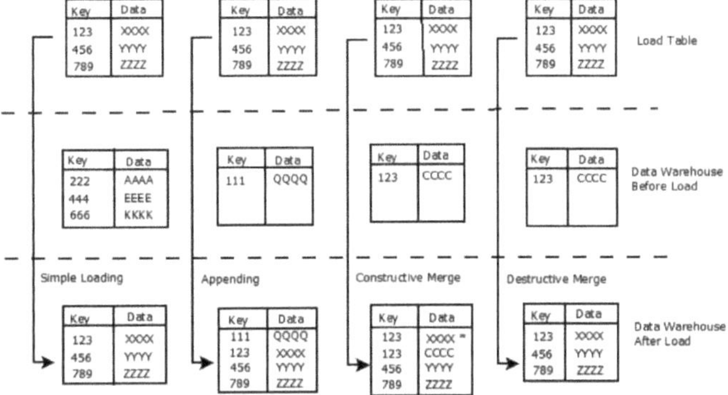

Figura 1.7: Diferentes modos de carregamento

Técnica de carregamento

Existem diferentes técnicas disponíveis para o carregamento de dados [59] no DW de referência. Uma das principais preocupações do mecanismo de carregamento é minimizar a janela de tempo de inatividade do armazém. O programador tem de decidir qual o mecanismo de carregamento a utilizar.

- **Carregamento em massa:** Sem inserir linha a linha, este tipo executa o carregamento em massa de linhas. Nesta técnica de carregamento, os dados devem ser processados e guardados em formato de ficheiro plano antes de serem carregados. O processo de carregamento é mostrado na Figura 1.8. Utilizando qualquer carregador em massa, popularmente o Oracle SQL* Loader, é possível efetuar o carregamento na base de dados de destino. Com o carregamento, o Oracle SQL* Loader fornece também algumas operações básicas de transformação. É ideal para a técnica tradicional de carregamento em lote que lida com uma grande escala de dados.

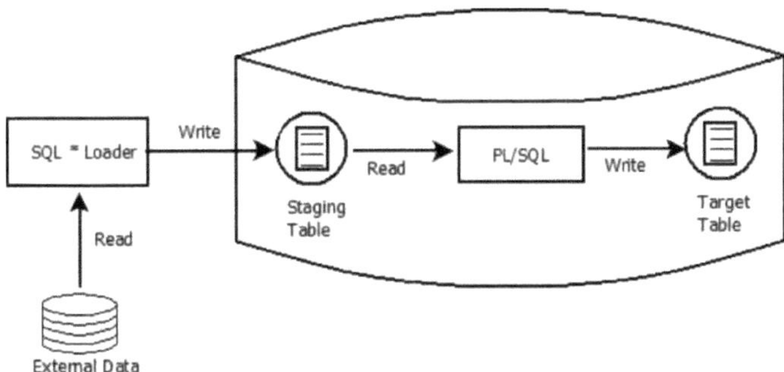

Figura 1.8: Carregamento a granel

- **Carregar tabela externa:** Outra abordagem de carregamento de dados externos é implementada pela propriedade de junção de tabelas externas do Oracle. As tabelas externas podem ser unidas, bem como as consultas, diretamente para a base de dados de destino. Não há necessidade de armazenar a tabela na área de preparação. As tabelas podem ser carregadas diretamente para o armazém de destino. Este carregamento também pode ser efectuado através da técnica de pipelining. A fase de transformação pode ser integrada no processo de carregamento. Ao contrário de uma tabela normal, as tabelas externas são apenas de leitura. As instruções DML (INSERT/UPDATE/DELETE) não podem ser dadas e os índices não podem ser adicionados. O processo de carregamento é apresentado na Figura 1.9.

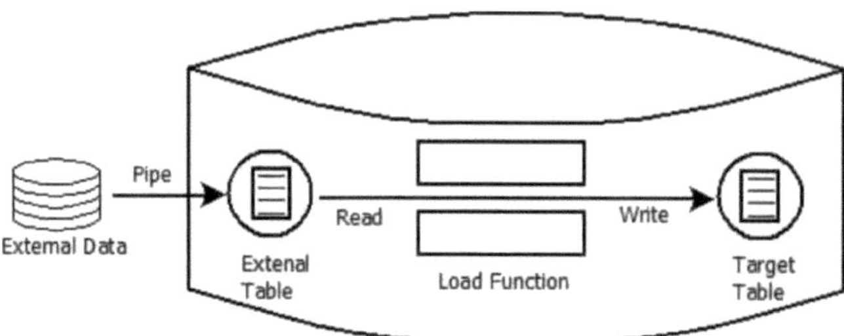

Figura 1.9: Carregamento de tabelas externas

- **OCI e API:** A utilização da aplicação Oracle Call Interface (OCI) é outra abordagem de carregamento. É aplicável a essas tabelas de dados com transformações fora da base de dados. Neste caso, não é feita a preparação do ficheiro plano. A Oracle tem uma ferramenta API padrão para carregar desta forma.

- **ExportarZImportar:** Esta operação é efectuada quando não é necessária uma extração crítica. Para carregar para o sistema de destino, os dados são mantidos intactos tal como vêm da fonte. Os dados podem ser carregados diretamente para o armazém. Geralmente, um grande volume de dados não é tratado desta forma.

1.3 Ferramentas ETL

As ferramentas ETL permitem às organizações facilitar a tarefa de integração de dados em ambientes híbridos e reunir os seus dados complexos num formato apresentável. De acordo com a análise da Gartner Inc. [II]80 por cento das organizações praticam qualquer solução criada pelo fornecedor para os seus casos de utilização de integração de dados. No entanto, o ETL codificado manualmente é sempre uma melhor opção para qualquer requisito de personalização específico. Organizámos quatro categorias de ferramentas DE ETL.

- **Ferramentas ETL de lote:** Estes tipos de ferramentas processam uma grande quantidade de dados num determinado período de tempo. A maioria das organizações utiliza lotes de

---

[II] https://www.informatica.com/in/data-integration-magic-quadrant.html

trabalhos ETL fora do horário de expediente. Algumas ferramentas ETL populares são o Informatica PowerCenter, o IBM InfoSphere DataStage, o Oracle Data Integrator, etc.

- **Ferramentas ETL nativas da nuvem:** Estes tipos de ferramentas estão alojados na nuvem e as fontes de dados nativas da nuvem podem ser incorporadas com esta ferramenta. Alguns dos fornecedores que oferecem serviços ETL baseados na nuvem são Alooma, Matillion, Snaplogic, Fivetran, etc.

- **Ferramentas ETL de fonte aberta:** Algumas ferramentas ETL de fonte aberta dominantes desenvolvidas por infra-estruturas de software ou investigadores como o Talend Open Studio, Scriptella, Apache Kafka, etc. São acessíveis ao público e de baixo custo, em vez de opções comerciais.

- **Ferramentas ETL em tempo real:** Muitas organizações exigem o acesso a dados em tempo real e podem obter soluções ETL modernas a partir de ferramentas como Alooma, StreamSets, Confluent, Striim, etc. Estas ferramentas afirmam processar o fluxo de dados em tempo real.

1.6 Aplicação ETL

Quando uma empresa consegue integrar todos os seus dados relacionados num único local, tem todo o potencial para explorar uma visão profunda dos mesmos. Esses conhecimentos podem proporcionar uma vantagem competitiva às empresas. O ETL tem um grande impacto, tanto na indústria como na perspetiva académica, por desempenhar o papel de integrador de dados. Explorámos algumas das áreas de aplicação mais importantes da tecnologia ETL na vida real. A Figura 1.10 apresenta um resumo abrangente do processo ETL aplicado a vários sectores industriais no que respeita à prática de integração de dados. A análise detalhada ou as tendências de investigação actualizadas em cada sector identificado podem ser encontradas na secção seguinte. Os leitores interessados podem obter uma visualização geral da utilidade da ETL na nossa vida moderna atual.

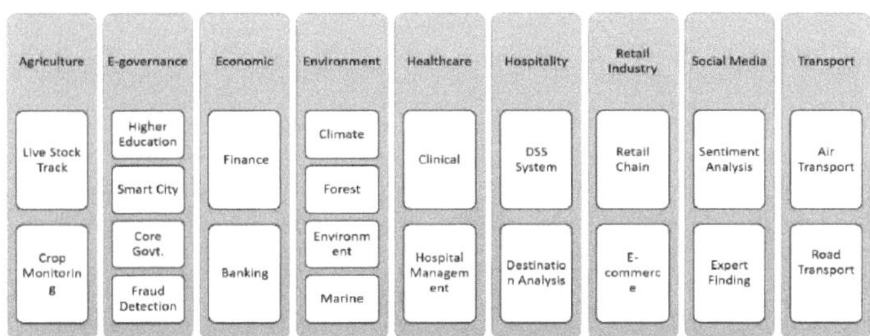

Figura 1.10: ETLApplicationArea

Tendo em conta a importância das tendências tecnológicas actuais e a falta de pesquisa factual, é necessário explorar um cenário completo de actividades de investigação no processamento ETL. Na secção seguinte, é feito um estudo aprofundado da literatura sobre a aplicação real do processo ETL. É feita uma breve discussão sobre as fases do processamento ETL, bem como sobre as tendências actuais da gestão de dados da indústria.

1.4 Problemas e desafios da investigação

A importância do processamento ETL em qualquer organização é diretamente proporcional à
dependência do seu processo de armazenamento de dados. Ao aceder a esses dados, o ETL tem
um papel significativo na criação e manutenção de um armazém de dados. O ETL é um processo
amplamente utilizado que identifica e extrai dados de várias fontes, filtra e personaliza de acordo
com o formato necessário e, no final, integra e actualiza esses dados num armazém de dados.

A existência de dados incorrectos no armazém pode induzir em erro a análise empresarial, bem
como as decisões. Assim, um processo ETL bem mantido é um dos factores-chave para uma
implementação bem sucedida do armazém de dados. Com base no relatório [21], a conceção de
um fluxo de trabalho ETL bem estabelecido consome quase um terço do custo e do esforço
numa implementação de DW. Um processo ETL bem concebido é um aspeto
essencial para a realização de um DW eficaz. Investigar o domínio do
processamento ETL é um objetivo de investigação razoável.

O ciclo de vida de um processo ETL inicia-se com a tarefa de modelação
concetual [74, 83]. Nesta fase, este modelo identifica as fontes de dados e os processos
envolvidos. Este modelo representa apenas os relacionamentos de mais alto nível entre as entidades.
A segunda fase da conceção de modelos é a tarefa de modelação lógica [88, 73]. Este
modelo lógico de dados descreve a estrutura dos dados, as regras, os processos
intermédios e a sua relação com o sistema global. Os pormenores de implementação
específicos da base de dados são descritos na terceira fase de modelação, designada por modelação
física [50, 84, 8]. Os parâmetros de execução são definidos neste modelo. A simulação é um
método amplamente utilizado para analisar o comportamento do sistema. A
simulação de modelos pode fornecer uma visão clara de qualquer sistema
complexo. Foram encontrados muito poucos trabalhos no domínio da modelação
de processos ETL [54, 55].

As ferramentas ETL podem ser classificadas em dois tipos, por exemplo, ferramentas
baseadas em GUI ou ferramentas ETL programáveis. Atualmente, existem muitas ferramentas ETL
populares baseadas em GUI disponíveis no mercado.
Estas ferramentas têm módulos muito fáceis de utilizar que são adequados para serem utilizados por
pessoas não técnicas. Ainda assim, muitas organizações acreditam em criar a sua
solução ETL através do seu próprio código. Esta abordagem baseada em código pode
oferecer muita escalabilidade, personalização e otimização do desempenho. Foram efectuados
alguns desenvolvimentos académicos [81, 7, 56], mas ainda existem muitos âmbitos em aberto.

A configuração da carga de trabalho ETL em qualquer ambiente DW é uma das
tarefas mais morosas. O processo ETL automatizado pode oferecer muitos benefícios ao reduzir
o tempo necessário para a intervenção manual e a coordenação de operações dentro da organização.
A automatização do ETL é um objetivo de investigação apelativo [16, 78, 66]. A
solução ETL automatizada pode oferecer a uma equipa de integração de dados a
possibilidade de conceber, executar e monitorizar o fluxo de trabalho ETL global de uma forma
organizada.

A forma como as organizações acedem aos dados está a mudar rapidamente. Hoje em dia, as organizações querem aceder a dados transaccionais em tempo real para tomar decisões imediatas. Atualmente, muitas indústrias, como a bolsa de valores, o comércio eletrónico, as telecomunicações, o controlo do tráfego aéreo, etc., têm a necessidade de corrigir relatórios com base em dados recentes num armazém de dados, uma vez que as decisões operacionais podem ser tomadas rapidamente. No entanto, tal não pode ser efectuado com base no relatório de estado de ontem. O processo ETL em tempo real ingere os dados no armazém de dados muito rapidamente, assim que eles aparecem na fonte. Então, como definir dados frescos? Frescura significa de minutos a segundos ou sub-segundos de atraso no fluxo de dados. As tendências de "tempo quase real" [35, 17, 91] ou "tempo real" [37, 18, 39] vão ser os novos desafios das soluções tecnológicas. Alguns sistemas comerciais estão a trabalhar no sentido de obter dados frescos no armazém de dados [89, 9].

Para responder à atual procura tecnológica, muitas organizações estão a mudar da sua configuração ETL tradicional para soluções ETL baseadas na nuvem [64]. As soluções ETL baseadas na nuvem podem oferecer processamento de dados em tempo real, escalabilidade e integração harmoniosa de várias fontes de dados com volume crescente. Do ponto de vista académico, algumas propostas de ETL baseadas na nuvem são [49, 48, 61]. A migração da carga de trabalho existente para a nuvem continua a ser um desafio e uma questão de investigação em aberto.

1.5 Contributos e linhas gerais da dissertação

Modelação concetual Os dados gerados a partir de várias fontes podem estar errados ou incompletos, o que pode ter um impacto direto na análise empresarial. O ETL (Extraction-Transformation- Loading) é um processo bem conhecido que extrai dados de diferentes fontes, transforma esses dados no formato necessário e, finalmente, carrega-os para o Data warehouse (DW) de destino. O ETL desempenha um papel essencial no ambiente do Data warehouse. A configuração de um processo ETL é um dos principais factores com impacto direto no custo, tempo e esforço para a criação de um armazém de dados bem sucedido. A modelação concetual do ETL pode proporcionar uma visão de alto nível das actividades do sistema. Oferece a vantagem da pré-identificação de erros do sistema, minimização de custos, âmbito, avaliação de riscos, etc. Foram desenvolvidos alguns trabalhos de investigação para modelar o processo ETL através da aplicação de UML, BPMN e Web Semântica ao nível concetual. Propusemos uma nova abordagem para a modelação concetual do processo ETL, utilizando uma nova linguagem de modelação de sistemas padrão (SysML). A SysML alarga as caraterísticas da UML com uma semântica muito mais clara do ponto de vista da engenharia de sistemas. Mostrámos a utilidade da nossa abordagem através da exemplificação de um cenário de caso de utilização.

Simulação de modelos A linguagem SysML, normalizada pela OMG, é proposta para modelar e estudar qualquer sistema. As normas OMG apoiam a especificação, a conceção, a análise, a verificação e a validação de qualquer sistema. A simulação é uma prática comum para estimar o desempenho do sistema. Para lidar com a complexidade crescente de qualquer modelo de sistema, é preferível passar pelo processo de verificação e validação na fase inicial do desenvolvimento do sistema. A engenharia de sistemas baseada em modelos (MBSE) é uma das actuais metodologias de engenharia de sistemas que abrange todos os aspectos fundamentais da modelação de sistemas. Combina vários aspectos do modelo do sistema, desde a análise dos requisitos, a conceção e a simulação ao longo do ciclo de vida do desenvolvimento do sistema.

Neste trabalho, o modelo ETL proposto, que utiliza a linguagem SysML, é executado na ferramenta de modelação SysML (Magic Draw) utilizando alguns plugins específicos. Um modelo concetual SysML de ETL foi concebido no nosso trabalho anterior. Nesta proposta, estamos a alargar o nosso trabalho anterior e a apresentar uma abordagem baseada em ferramentas MBSE para automatizar a validação de modelos SysML com a ajuda do simulador No Magic. O principal objetivo é ultrapassar a lacuna entre a modelação e a simulação e examinar o desempenho do modelo SysML.

Análise empírica das ferramentas ETL O ETL (Extract Transform Load) é o processo padrão amplamente utilizado para criar e manter um Data Warehouse (DW). O ETL é o processo mais exigente em termos de fontes, custos e tempo na implementação e manutenção de DW. Atualmente, estão disponíveis muitas soluções baseadas em interfaces gráficas de utilizador (GUI) para facilitar os processos ETL. Apesar da grande popularidade das ferramentas baseadas em GUI, esta abordagem tem ainda algumas desvantagens. Este trabalho centra-se na abordagem alternativa de desenvolvimento de ETL adoptada pela codificação manual. Nalguns contextos, é adequado desenvolver um código ETL personalizado que pode ser mais barato, mais rápido e de fácil manutenção. A contribuição deste trabalho consiste em iluminar uma nova área através de uma técnica de desenvolvimento ETL programável. Para o efeito, foram estudadas nesta proposta algumas ferramentas ETL de código aberto bem conhecidas (Pygrametl, Petl, Scriptella, R_etl Package) desenvolvidas pelo mundo académico. A sua arquitetura e

Os pormenores de implementação são aqui abordados. É efectuada uma avaliação experimental aprofundada de cada ferramenta. Posteriormente, é apresentado um relatório de análise das caraterísticas e do desempenho. O objetivo deste trabalho é apresentar uma avaliação comparativa destas ferramentas ETL baseadas em código. Não se pretende afirmar que o ETL baseado em código é superior à abordagem baseada em GUI. A escolha do caminho entre a abordagem baseada em código e a abordagem baseada em GUI depende dos requisitos específicos, da estratégia de dados e da infraestrutura de cada organização.

ETL em tempo quase real O objetivo deste trabalho anterior foi apresentar um relatório de análise integrada no domínio da investigação de um sistema ETL programável. Posteriormente, é proposto um novo modelo de solução para satisfazer a procura de ETL em tempo quase real. O objetivo é alcançado através da implementação de um modelo de carregamento incremental com a ajuda da abordagem CDC (Change data capture). A contribuição deste trabalho é destacar uma nova área através de uma técnica de desenvolvimento de ETL programável. A continuação do trabalho é feita através da conceção de uma nova técnica de integração de dados baseada em ETL. A solução proposta torna a integração de dados mais eficiente ao preencher, de forma incremental, apenas os dados alterados no DW no momento certo.

Processo ETL automatizado No atual panorama empresarial, a análise em tempo real dos dados da empresa é crucial para que os decisores da organização tomem decisões estratégicas e se mantenham à frente da concorrência. Na maioria das vezes, os dados estão desactualizados quando chegam ao utilizador. A organização necessita de informações fiáveis e actualizadas para tomar melhores decisões comerciais proactivas e melhorar o processo e a eficiência organizacional. A disponibilidade de informação e de relatórios críticos para a empresa em tempo real pode ser conseguida através de um processo ETL automatizado. Normalmente, a execução de um armazém de dados numa empresa requer a coordenação de muitas operações entre muitas equipas, incluindo equipas de aplicações e de bases de dados. Além disso, requer muita intervenção manual, que é propensa a erros. A execução de todas as etapas relacionadas em sequências corretas e em condições precisas pode ser um desafio. O processo ETL automatizado ajuda a resolver todos estes problemas. Além disso, o pré-processamento de dados é uma etapa crucial para preparar os dados para serem carregados num armazém de dados para análise. O pré-processamento baseado na aprendizagem automática pode ser utilizado para garantir a qualidade dos dados. Neste trabalho, abordámos os problemas enfrentados nos armazéns de dados tradicionais relacionados com a disponibilidade e a qualidade dos dados. Explicámos como automatizar o processo ETL e como a aprendizagem automática pode ser aproveitada no processo ETL para que a qualidade e a disponibilidade dos dados nunca sejam comprometidas e cheguem ao utilizador quase em tempo real.

ETL na Nuvem Extract-Transform-Load (ETL) consiste numa série de processos que recolhem dados transaccionais brutos e os transformam em informação limpa que é acionável por Business Intelligence no futuro. Atualmente, a maioria das organizações está a considerar avançar para a implementação baseada na nuvem para as suas aplicações de missão crítica. Esta tendência também está a afetar a gestão dos processos ETL no ambiente do armazém de dados. As limitações do processo ETL tradicional e os benefícios de mover o ETL para a nuvem são discutidos neste trabalho. Em seguida, são identificados os desafios na adoção da computação em nuvem relativamente ao processo ETL. As caraterísticas oferecidas por algumas das principais soluções ETL activadas na nuvem são incorporadas neste trabalho com uma breve análise. Este trabalho aborda também as questões gerais da ETL na nuvem, tanto na perspetiva dos consumidores como na dos fornecedores de serviços. Foi concebido um novo quadro para processar dados em fluxo contínuo provenientes de um feed de dados em tempo real. Trata-se de uma estrutura baseada no Apache Spark que permite o processamento, a consulta e a análise de grandes volumes de dados. Esta estrutura tem potencial para o processamento de dados quase em tempo real e o sistema de armazenamento de dados na memória resulta em várias vezes mais rápido do que outras tecnologias activadas por grandes volumes de dados. A solução facilita o desenvolvimento e a implementação rápidos de aplicações ETL quase em tempo real.

1.6   Layout do relatório

O livro está dividido em duas partes, como se segue.

A Parte I centra-se na proposta de investigação, que inclui quatro capítulos. O capítulo quatro discute uma nova abordagem concetual de modelação de processos ETL. O trabalho de modelação é efectuado através da linguagem SysML. O capítulo cinco apresenta o processo de simulação do modelo concetual ETL concebido. O capítulo seis apresenta uma análise empírica das ferramentas ETL programáveis. Para efeitos experimentais, as ferramentas ETL selecionadas são Pygrametl, Petl, Scriptella e R_etl. O capítulo sete propõe uma nova estrutura de integração de dados em tempo real utilizando uma abordagem de carregamento incremental.

A Parte II apresenta a Proposta de Investigação sobre Tendências Recentes no processo ETL. Inclui dois capítulos. O capítulo oito aborda alguns casos de estudo de ETL nos domínios do retalho, do marketing e dos serviços financeiros. É proposta uma nova solução para a técnica de integração automatizada de dados. É discutida a importância da aprendizagem automática na automatização do ETL. O capítulo nove trata da transferência da tarefa de processamento ETL para a nuvem. Neste capítulo, é concebida uma nova estrutura ETL baseada no Apache Spark. O último capítulo apresenta a conclusão do trabalho global e algumas perspectivas sobre o âmbito futuro.

Parte 1: Proposta de investigação

Capítulo 2: Modelação Conceptual

2.1   Modelação concetual do processo ETL

A modelação de dados [92] dá uma visão abstrata da forma como os dados serão organizados numa organização e como serão geridos. A relação entre diferentes itens de dados pode ser visualizada através da aplicação de técnicas de modelação de dados. O conceito de modelação tem uma vantagem significativa sobre os dados organizacionais para os gerir de uma forma estrutural. Na fase inicial, é altamente recomendável efetuar uma modelação e conceção eficientes do fluxo de trabalho total. Devido à natureza dispendiosa da implementação do DW, deve ser mantida uma boa modelação e documentação. Com base no relatório [21], a conceção de um fluxo de trabalho ETL bem estabelecido consome quase um terço do custo e do esforço numa implementação de DW. Um processo ETL bem concebido é um dos aspectos importantes para a realização de um DW eficaz. Cada ferramenta fornecida por um fornecedor tem a sua metodologia específica para conceber o processo ETL [5, 42]. É necessário conhecer a funcionalidade, a linguagem, as normas, etc., dessa ferramenta específica. Além disso, a conceção integrada não é adequada para execução noutras plataformas.

Durante o processamento ETL, a modelação conceptual reflecte a visão de alto nível das entidades e das suas relações. Fornece apenas uma visão abstrata do fluxo de trabalho em vez dos pormenores de implementação. Foram realizados diversos trabalhos de investigação sobre a modelação conceptual do ETL. As técnicas de modelação conceptual UML, BPMN e Web semântica são normalmente utilizadas. Propusemos uma nova forma de modelar um processo ETL utilizando uma linguagem de modelação de sistemas (SysML). Embora existam muitas contribuições para a modelação abstrata de ETL, pensamos que a SysML é uma nova direção para a concetualização e validação do fluxo de trabalho ETL. Existe um vasto campo de investigação que utiliza a SysML para implementar na prática o modelo ETL, a validação, a simulação e a produção de código executável de uma forma específica, tanto para os utilizadores técnicos como para os não técnicos. A figura 2.1 mostra a relação entre a SysML e a linguagem UML.

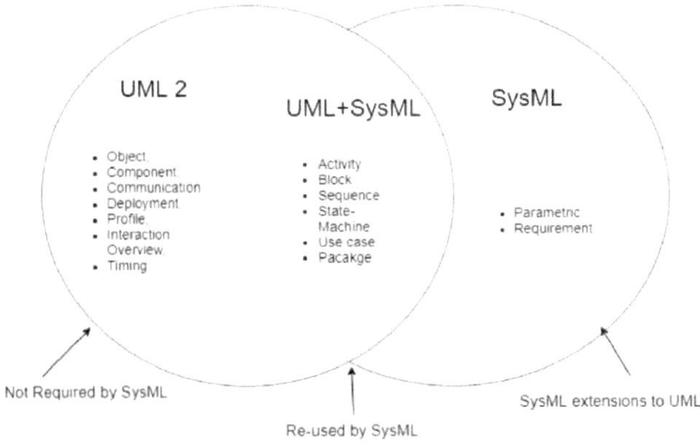

Figura 2.1: Relação entre SysML e UML

Esta investigação tem como objetivo propor uma nova técnica para a conceção de um modelo concetual de ETL utilizando a norma SysML que suporta a abordagem da Engenharia de Sistemas Baseada em Modelos (MBSE). A SysML é uma linguagem de modelação de sistemas de uso geral que facilita o sistema através da identificação, análise, desenho, teste e validação [26]. Suporta o sistema

A SysML é uma nova linguagem de modelação para grandes categorias de uma organização, como a aeroespacial, a automóvel, a dos cuidados de saúde, etc. A SysML é uma nova linguagem de modelação normalizada pelo Object Management Group (OMG) [58] e pelo International Council on Systems Engineering (INCOSE) [29, 30]. Pode ser utilizada para modelar uma visão de alto nível do processo ETL e justificar a validação do sistema através da aplicação do processo de simulação.

O inconveniente da UML é o facto de ter um ponto de vista centrado no software e a falta de uma semântica clara. Além disso, a relação entre software e hardware não é representável pela UML. A SysML oferece mais facilidades em relação à UML, adaptando algumas caraterísticas essenciais e alargando muitas direcções novas. A linguagem BPMN é adequada para os utilizadores empresariais modelarem graficamente processos empresariais complexos de uma organização. Um modelo inicial do processo global é criado pelos utilizadores empresariais. Em seguida, os programadores técnicos implementam esse modelo. Mas a implementação de qualquer modelo SysML é muito mais simples para os programadores técnicos, uma vez que é desenvolvida do ponto de vista da engenharia de sistemas. A SysML deriva do modelo UML, mas, em comparação com este, é muito mais flexível e flexível, capaz de melhorar a análise dos requisitos e de definir o desempenho e os parâmetros quantitativos de uma vasta gama de sistemas, na perspetiva de um engenheiro de sistemas e não de um ponto de vista centrado no software, como a UML. A SysML pode captar eficazmente a natureza contínua do sistema com requisitos e a relação paramétrica de um modelo de sistema.

2.1.1 Engenharia de sistemas baseada em modelos (MBSE)

A MBSE é uma nova norma apoiada pela OMG para o domínio da engenharia de sistemas que inclui a análise funcional e orientada para os requisitos, a conceção, a integração, a validação e a simulação da conceção do sistema ao longo do ciclo de vida do desenvolvimento do sistema definido pela INCOSE [23, 29]. A MBSE promove abordagens baseadas em modelos, em vez dos métodos de conceção orientados para os documentos que prevalecem. As funções do MBSE são apresentadas na Figura 2.2. UML ou SysML são linguagens de modelação visual que podem ser utilizadas para descrever o modelo do sistema.

A MBSE está a ganhar popularidade na indústria para criar sistemas complexos no cenário de um ambiente multidisciplinar. A SysML é uma linguagem de modelação visual que pode ser utilizada para descrever o modelo do sistema. A SysML é um dos principais componentes da MBSE, possuindo ligações adequadas para a captação de requisitos, arquitetura, restrições e vistas hierárquicas ou multicamadas do modelo do sistema. Permite a ligação de diferentes tipos de modelos provenientes de diferentes disciplinas de engenharia. A MBSE [52] melhora as técnicas de modelação de sistemas através de comunicação avançada, melhor gestão da complexidade do sistema, gestão de dados normalizada, melhor qualidade do produto, captura de informação actualizada e minimização do risco.

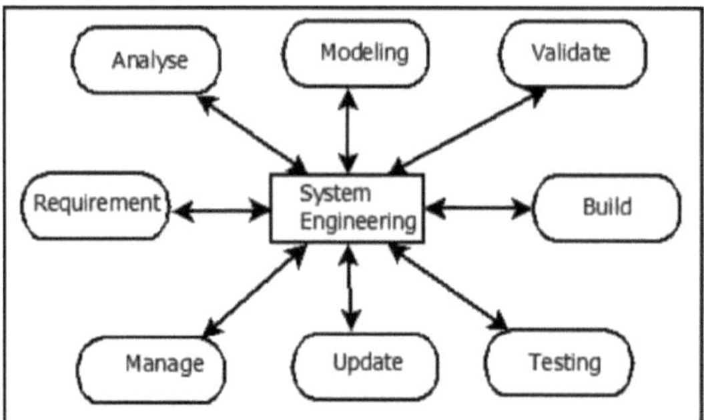

Figura 2.2: Caraterísticas do MBSE

2.1.2 Linguagem de modelação de sistemas (SysML)

A SysML é uma linguagem de modelação gráfica de uso geral que pode ser designada como uma versão alargada da UML. Para modelar um sistema, a SysML suporta os requisitos do sistema, a estrutura funcional e comportamental do sistema e as suas inter-relações [27]. Como é originária da UML, reutiliza muitas notações da UML com algumas extensões adicionais [58]. A SysML suporta vários tipos de diagramas, que representam a natureza estrutural e comportamental de um sistema, como mostra a Figura 2.3. O diagrama de actividades, o diagrama de blocos e o diagrama interno

O diagrama de blocos indicado pela caixa de bolhas é uma versão modificada do diagrama UML básico. Os diagramas paramétricos e de requisitos indicados pela caixa tracejada são tipos de diagramas totalmente novos incorporados na SysML. Outros diagramas básicos da UML também podem ser desenhados em SysML.

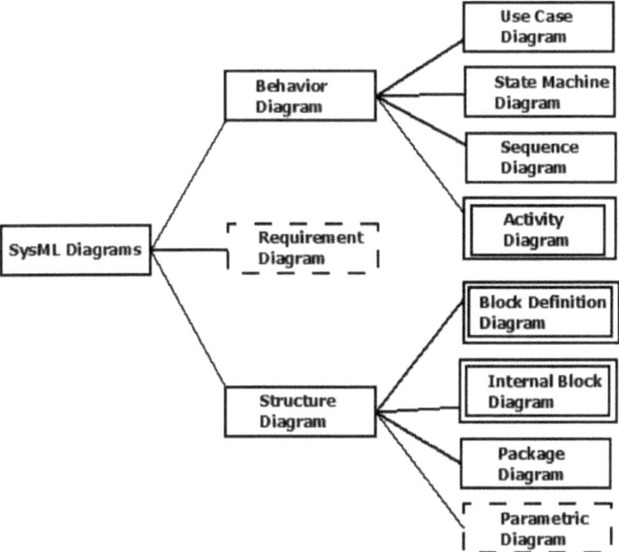

Figura 2.3: Diagramas suportados pela SysML

2.1.3 Notação SysML

Neste trabalho, utilizamos o diagrama de requisitos e o diagrama de actividades da SysML para exprimir os processos ETL. O diagrama de requisitos representa requisitos baseados em testes utilizando uma construção gráfica. Já o diagrama de actividades explora o comportamento do sistema mostrando o fluxo de controlo e de dados dentro das actividades [90].

No SysML, cada elemento de modelação pode ser caracterizado pelo seu *estereótipo*. Há um conjunto de diferentes estereótipos padrão para diagramas SysML. A notação de estereótipos proporciona uma nova forma de definir elementos do sistema de acordo com os requisitos do utilizador. Os estereótipos são expressos através da inclusão do seu tipo em dois chevrons, tais como *"discreto"*, *"contínuo"*, *"afetado"*, etc. Para a nossa proposta de ETL

Para conceber um modelo concetual, teremos de compreender a notação do diagrama de requisitos SysML e a notação do diagrama de actividades.

Notação do diagrama de requisitos

O diagrama de requisitos é um conceito completamente novo em comparação com o diagrama UML. Suporta *requisitos* baseados em texto, as suas *relações* e *casos de teste* para verificar os requisitos.

A Figura 2.4 apresenta um bloco básico de requisitos SysML. Um bloco retangular de um requisito SysML contém o seu estereótipo, designado por *"requisito"*, o seu número identificador único *Id=RQ1.1* e *Text="#"* para descrever os pormenores textuais do requisito. Existem algumas propriedades alargadas dos requisitos, como o método de verificação, a prioridade da fonte, o risco, etc., que podem ser selecionadas pelo designer. Os requisitos podem ser personalizados em mais subcategorias adicionais, como *comercial, funcional, interface, usabilidade, desempenho, físico*, etc. *Derive, Satisfy, Nesting, Trace, Verify* e *Refine* são diferentes tipos de relações que podem ser utilizadas no diagrama de requisitos para descrever a relação. A relação de satisfação representa que o elemento do modelo satisfaz um requisito específico. A relação de rastreio representa que o elemento do modelo pode ser rastreado de acordo com um requisito. Por último, a relação de refinamento mostra como os elementos do modelo e os requisitos são utilizados para refinar outros elementos do modelo a um nível alargado. A relação Verify é utilizada para representar a forma como qualquer caso de teste pode verificar um requisito

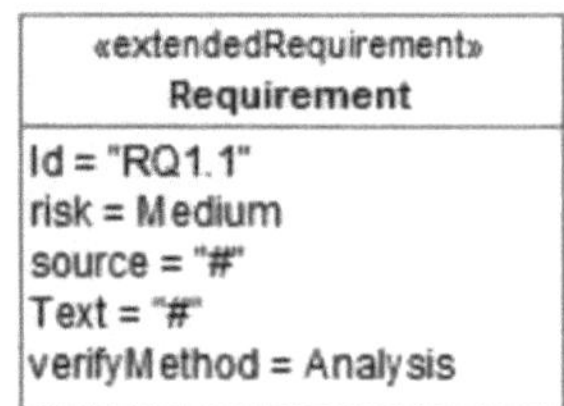

Figura 2.4: Bloco de requisitos SysML

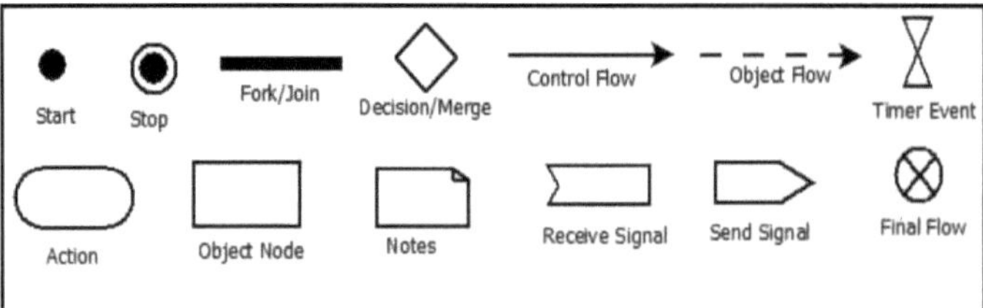

Figura 2.5: Notações do diagrama de actividades da UML e da SysML

Notação do diagrama de actividades

Para o diagrama de actividades SysML, algumas das notações são idênticas às do diagrama de actividades UML, como mostra a Figura 2.5.

Estado inicial Representa o estado inicial da ação. É o ponto de partida de qualquer diagrama de atividade.
Estado de ação Representa a ação ininterrupta de qualquer objeto.
Fluxo de Controlo É um símbolo de seta. Mostra o caminho de transição de uma ação para outra ação.
Fluxo de objectos É um símbolo de seta pontilhada. Mostra o caminho de transição de uma ação para um objeto. Indica a passagem de dados específicos.

Nó de decisão Este símbolo é utilizado como um ponto de progressão condicional. A tarefa de processamento continua com base no facto de a condição ser verdadeira ou falsa.

Nó de bifurcação É utilizado para dividir um único fluxo de controlo em dois ou em qualquer número necessário de fluxos simultâneos.

Nó de junção É usado para juntar qualquer número de fluxos simultâneos num único fluxo.

Enviar sinal Mostra como qualquer sinal pode ser enviado para um diagrama de actividades.

Evento do temporizador Após qualquer intervalo de tempo fixo, a ação do evento do temporizador será activada.

Fluxo final Este símbolo indica o fim de um fluxo de controlo.

Parar Quando o controlo atinge o símbolo Parar, toda a atividade atinge o seu ponto final. Outras novas funcionalidades incorporadas são descritas abaixo.

O diagrama SysML é uma extensão do diagrama UML com algumas caraterísticas adicionais. O fluxo contínuo é a caraterística que permite controlar a velocidade a que as entidades se movem ao longo das extremidades da atividade. Esta caraterística garante a disponibilidade dos dados mais actualizados para a ação. A probabilidade é outra caraterística das actividades que permite a verificação probabilística das arestas provenientes dos nós de decisão e dos nós de objeto.

A borda da atividade pode ser caracterizada mencionando os seus estereótipos como *" discreto "* ou *" contínuo "*. A taxa real do fluxo de objectos também pode ser mencionada utilizando a notação *de restrição* como *{rate = expression}*. A atribuição de *probabilidade* a qualquer aresta de atividade (sobretudo fluxo de controlo) é outra nova caraterística, como *{Probabilidade = valor^0 %}* no diagrama SysML. Exprime a probabilidade de passagem de uma determinada aresta. O comportamento de qualquer nó de objeto pode ser expresso com maior precisão utilizando o estereótipo *"nobuffer"* ou *"overwrite"*. No primeiro caso, o nó-objeto será descartado se a ação seguinte não estiver preparada para o receber. No segundo caso, o nó de objeto será substituído se a ação seguinte não estiver preparada para o receber. Por exemplo, aplicando *regiões interrompíveis*, um grupo de elementos no diagrama de actividades pode ser identificado separadamente por uma caixa tracejada.

2.2   Modelação concetual dos processos ETL

Durante a fase de conceção e planeamento de qualquer Data warehouse, o modelo de processamento ETL ao nível concetual também deve ser desenvolvido. Este modelo representa todo o processo e, além disso, inclui o mapeamento entre os dados de origem e de destino, mostra e verifica as transformações de dados necessárias, a verificação dos requisitos e a estrutura geral. Com base no modelo concetual, são desenvolvidos os processos ETL. Se for necessário redesenhar o processo e a sua manutenção, alternar o esquema da base de dados, etc., devido a novos requisitos comerciais, os programadores de ETL terão uma vantagem adicional.

O principal objetivo da modelação ETL concetual é estabelecer uma relação entre o esquema de dados de origem e o esquema de dados do armazém de destino. Fornece uma visão de alto nível do sistema, que não inclui quaisquer pormenores de implementação lógica ou física.

Concebemos um modelo de alto nível do processo ETL. Em primeiro lugar, concebemos um diagrama de requisitos SysML para o cenário ETL. Depois disso, modelámos o processo ETL concetual utilizando o diagrama de actividades SysML. A SysML é uma linguagem de uso geral normalizada pela OMG e pela INCOSE. Cada elemento do modelo SysML é especificado pelas suas caraterísticas específicas de simulação. A utilização da linguagem SysML é uma tentativa inteiramente nova no domínio da modelação concetual de ETL.

2.2.1   Cenário de exemplo

Para representar o cenário ETL, tomamos como exemplo um sistema de comércio eletrónico (e-commerce) em que é mantida uma base de dados para as transacções diárias. Neste caso, a compra ou venda de produtos, o processo de pagamento e a transferência de dados são efectuados através de uma rede eletrónica.

Os dados operacionais são armazenados em formato relacional. Estes dados têm de ser convertidos e depositados de acordo com o formato do Data warehouse. No caso do sistema de comércio eletrónico, as vendas totais de cada dia são calculadas e armazenadas no Data warehouse. Além disso, todas as informações relacionadas com o cliente, o fornecedor, o sítio Web e os produtos são armazenadas no armazém.

O esquema da base de dados é a disposição da base de dados. Existem três tipos de esquemas básicos de Data warehouse: O esquema em estrela, o esquema em floco de neve e o esquema de constelação de factos. Neste caso, estamos a seguir o esquema do tipo Snowflake. A estrutura do esquema lógico do Data warehouse de destino é mostrada na Figura 2.6. A tabela de factos contém atributos-chave das tabelas de dimensão, factos básicos e factos derivados. Neste caso, a tabela *Fact_Sales* tem seis dimensões: *Cliente, Fornecedor, Produto, Data_Hora, Website* e *Promoção*. Cada tabela de dimensão contém um conjunto de atributos sobre os respectivos campos.

Todas as tabelas Dimension podem ter uma hierarquia de nível de agregação. Dimensão. Website→ Dimension_Navigation é um exemplo de manutenção da hierarquia. Dimensão_Endereço → Dimensão_Estado → Dimensão_Cidade, estes três níveis da hierarquia são partilhados por Dimensão_Cliente e Dimensão_Fornecedor.

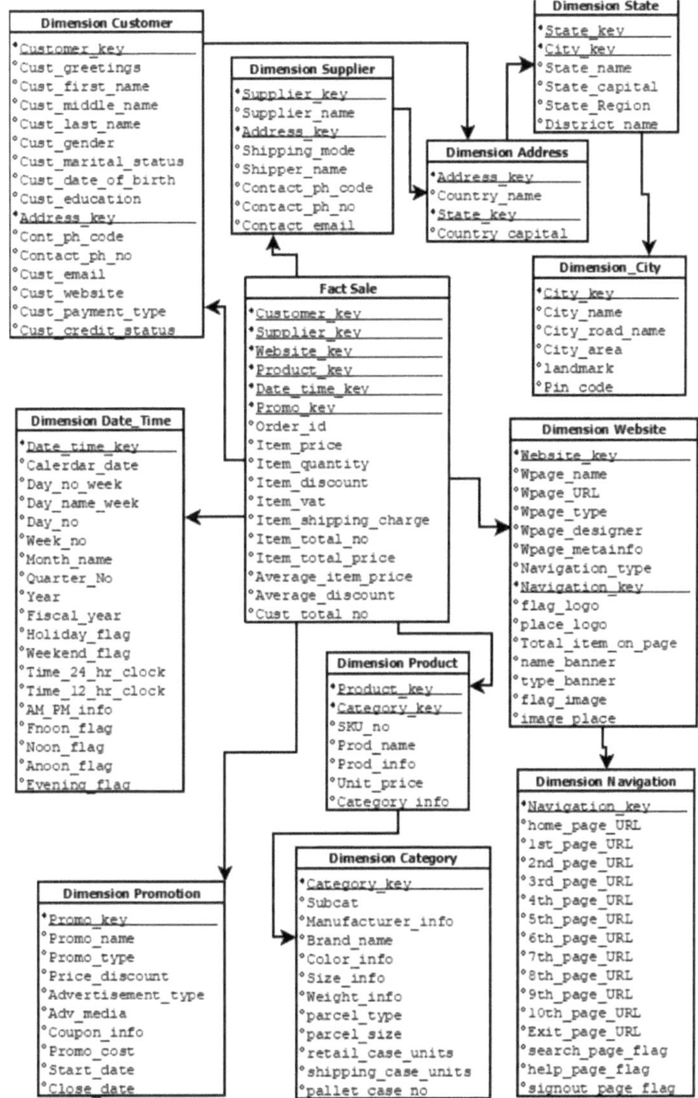

Figura 2.6: Esquema da base de dados do sistema de comércio eletrónico

2.3   Diagrama de requisitos

Um requisito é uma condição que um sistema deve satisfazer. Existem dois tipos de requisitos: requisitos funcionais e requisitos não funcionais. Um requisito funcional define as funções que um sistema deve executar. Um requisito não funcional define as qualidades que podem ser utilizadas para testar a eficácia das funções do sistema.

Um diagrama de requisitos é um diagrama estrutural que representa a relação entre a construção do requisito, os elementos do sistema que satisfazem a dependência entre eles e os casos de teste para verificar a dependência. O objetivo do diagrama de requisitos é identificar os requisitos funcionais e não funcionais no modelo do sistema.

Antes de iniciar a modelação concetual, é necessário identificar os requisitos para o processo ETL. Para o efeito, um diagrama de requisitos SysML ajudará a visualizar os requisitos e as suas inter-relações. A Figura 2.7 representa um exemplo do requisito do processo ETL para um sistema de comércio eletrónico utilizando o MagicDraw.

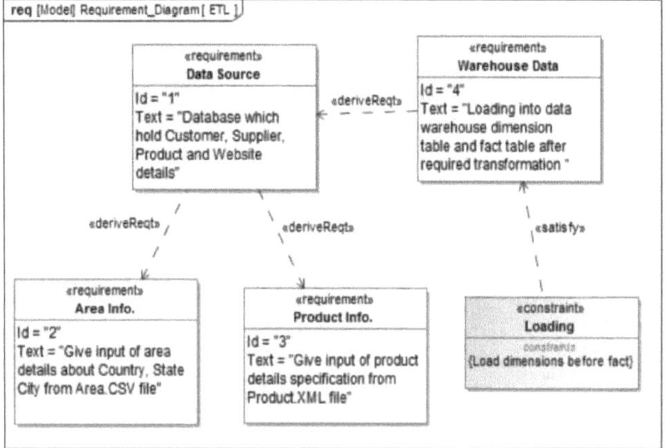

Figura 2.7: Diagrama de requisitos SysML para ETL no sistema de comércio eletrónico

Na figura, podemos observar que as bases de dados operacionais (fonte de dados) fornecem dados para carregamento no Data warehouse. São apresentadas duas outras fontes de dados, das quais derivam os dados sobre o endereço do cliente e os pormenores do produto. Os dados do armazém são obtidos a partir destas bases de dados de origem. A restrição antes do carregamento para o depósito é descrita no bloco de restrições. O sistema deve satisfazer a condição de carregamento. Neste caso, a condição é carregar as tabelas Dimension antes da tabela Fact. Este diagrama de requisitos representa a relação entre as várias fontes de dados e as opções de sumidouro de dados.

2.4   Diagrama de actividades

Um diagrama de actividades SysML é utilizado para representar o comportamento dinâmico de qualquer sistema que satisfaça os requisitos funcionais através da utilização de controlo e do fluxo de objectos (dados). É uma ferramenta poderosa capaz de apresentar a sequência de acções para descrever a natureza de um bloco. Os fluxos de controlo mantêm a sequência. As acções têm um pino de entrada e um pino de saída. Funciona como um intermediário de itens que fluem de uma ação para outra. Os itens podem ser energia, dados, material físico, potência ou qualquer outra coisa que seja invocada ou devolvida com base na descrição do sistema. Uma atividade apresenta o fluxo de comportamentos funcionais, incluindo o seu fluxo de objectos. Aqui o objeto e o fluxo de controlo podem ser do tipo paralelo ou sequencial com base na condição. O diagrama de actividades pode ser decomposto repetidamente através da troca de utilizações de acções de comportamento de chamada e das definições de actividades.

Para representar o processo ETL, é apresentado na Figura 2.8 um diagrama de actividades SysML utilizando o MagicDraw. É apresentado o fluxo de dados e o controlo nas diferentes actividades para carregamento num armazém de dados de vendas por comércio eletrónico.

Do nó inicial ao nó final, cada estereótipo de fluxo de objectos e de fluxo de controlo é indicado para descrever a sua natureza de fluxo. Através da utilização de restrições, é apresentada a taxa de fluxo de dados. A ação opaca e a ação de comportamento de chamada são utilizadas para descrever a atividade e a subactividade da unidade de acordo com os requisitos. O tipo de valor para cada pino de entrada e saída do nó de ação é especificado. O nó de junção une arestas paralelas e os caminhos simples são divididos em arestas de saída paralelas pelo nó de bifurcação.

Em primeiro lugar, as bases de dados de origem são acedidas para realizar tarefas de extração de dados. Aqui podemos ver outras duas fontes de dados de uma fonte externa. São elas Area.XML e Product.CSV. O endereço do cliente e do fornecedor provém do ficheiro Area.XML e a lista do catálogo de produtos é obtida a partir do ficheiro Product.CSV. Depois de verificar os atributos-chave, uma lista de dados sobre as dimensões é actualizada pelo carregador nas respectivas tabelas de dimensões. Aqui podemos ver como as seis dimensões de *Customer, Supplier, Product, Date_Time, Website* e *Promotion* são carregadas. Durante o carregamento da dimensão, a hierarquia do nível de agregação é mantida. Por exemplo, a dimensão Navegação será carregada antes da dimensão Site. Outro exemplo é que os dados sobre o produto são carregados primeiro na Dimensão Categoria e depois na Dimensão Produto. A subactividade para carregar a Área é apresentada na Figura 2.9. No diagrama, mostra-se que a dimensão da cidade é carregada antes da dimensão do estado. Os dados desta subactividade são provenientes do ficheiro Area.XML. Depois de carregar a área, é carregado o endereço da dimensão. Depois de carregar a dimensão Endereço, esta é partilhada e carregada pela dimensão Fornecedor e pela dimensão Cliente. A partir da figura, podemos observar como as dimensões são carregadas.

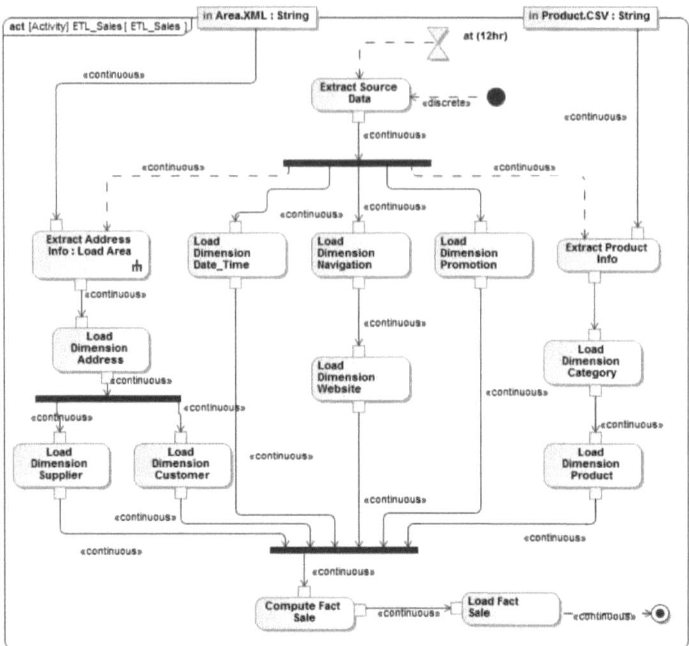

Figura 2.8: Exemplo de modelo concetual ETL utilizando SysML

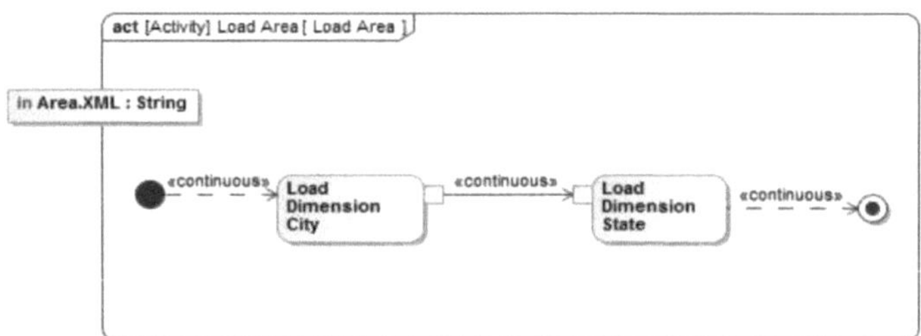

Figura 2.9: Sub-atividade para carregar Endereço

Depois de carregar seis dimensões, os factos básicos, os factos derivados e os factos não aditivos são armazenados na tabela de factos. Aqui, os factos básicos são o preço, a quantidade e o desconto. Os factos derivados são o IVA, a taxa de envio, o preço total e o número total do item. Além disso, os factos não aditivos são o preço médio do artigo, o desconto médio, etc. Algumas tarefas computacionais são efectuadas aqui. O processo ETL global é executado de 12 em 12 horas, em intervalos, tal como mencionado na figura. Neste exemplo, são mostrados os processos de extração e carregamento. Algumas outras tarefas comuns de transformação ETL, como Agregação, Filtro, Correção, Conversão, Junção, Divisão, Fusão e Geração de registos, também podem ser representadas no modelo concetual.

Após a conceção do modelo do sistema, o modelo SysML é transformado no código executável correspondente. O formato XMI é o código padrão independente da plataforma de um modelo SysML. Por conseguinte, este modelo concetual pode ser transformado no seu formato XMI correspondente. Parte deste código XMI é apresentada aqui.

Listagem 2.1: código executável

```
language
=xml,ta
bsize
=3,
%frame=lines,
caption=XMI code of SysML
diagram, label=code: sample,
frame=single,
rulesepcolor=\color{
gray}, xleftmargin=20
pt,
framexleftmargin=15pt,
keywordstyle=\color{blue}\bf,
commentstyle=\color{Olive
Green}, stringstyle=\color
{red},
numbers=left,
numberstyle=\tiny,
numbersep=5pt,
breaklines=true,
showstringspaces=false,
basicstyle=\footnotesize,
emph={food, name, price}, emphstyle={\color{magenta}}
```

2.5 Resumo

O processo ETL é responsável pela seleção e extração de dados de várias fontes, pela sua limpeza, transformação de acordo com o formato desejado e, finalmente, atualização para um DW. A modelação do processo ETL é uma forma de conceber a orientação dos dados e estabelecer relações ao longo da atividade de processamento ETL. Nesta proposta, o principal objetivo é modelar o processo ETL a nível concetual. Anteriormente, foram efectuados vários trabalhos de investigação para a modelação de processos ETL através de UML, BPMN ou abordagens da Web semântica.

Neste capítulo, propõe-se um modelo de sistema orientado a MBSE para o processo de ETL num ambiente de Data warehouse. Para este objetivo, é utilizada uma nova linguagem de modelação, a SysML, que tem vindo a ganhar popularidade nas organizações. Esta linguagem é derivada da linguagem UML, oferecendo algumas facilidades adicionais aos engenheiros de sistemas. Ao utilizar a SysML, o modelo do sistema pode ser concebido de uma forma mais expressiva e flexível. Neste trabalho, é apresentado um exemplo de um sistema de comércio eletrónico para a modelação do processo ETL. A propagação de dados das fontes para o DW é explicada. Este modelo desenvolvido é independente da plataforma por natureza e simples de compreender por utilizadores técnicos e não técnicos. Após a conceção do modelo ETL utilizando a linguagem SysML, é gerado o código XMI executável correspondente.

Embora a MBSE ofereça vários benefícios, também tem alguns inconvenientes. Alguns dos principais inconvenientes da MBSE são os custos de mudança, a falta de normalização, os problemas de escala, o efeito de bola de neve, os falsos pressupostos e vários riscos não identificados. A falta de regras para combinar ou converter modelos SysML em modelos UML para equipas de engenharia que incluam engenheiros de software e engenheiros de sistemas é um dos inconvenientes da SysML.

O modelo que desenvolvemos é independente da plataforma por natureza e simples de compreender por utilizadores técnicos e não técnicos. Depois disso, é gerada a transformação do modelo SysML para o código executável correspondente. No futuro, pretendemos simular o modelo proposto para analisar o comportamento e os requisitos do sistema com mais precisão e estender a visão do modelo nos níveis lógico e físico.

Capítulo 3: Simulação de modelos ETL

3.1 Simulação do modelo ETL concetual

Para lidar com a complexidade crescente de qualquer modelo de sistema, é preferível passar pelo processo de verificação e validação na fase inicial do desenvolvimento do sistema. A MBSE é uma das actuais metodologias de engenharia de sistemas que abrange todos os aspectos fundamentais da modelação de sistemas. Combina vários aspectos do modelo do sistema, desde a análise dos requisitos, a conceção e a simulação ao longo do ciclo de vida do desenvolvimento do sistema.

Em primeiro lugar, um modelo concetual SysML de ETL foi concebido no nosso trabalho anterior. Nesta página, estamos a alargar o nosso trabalho anterior e a apresentar uma abordagem baseada em ferramentas MBSE para automatizar a validação de modelos SysML utilizando o simulador No Magic. O objetivo principal é ultrapassar a lacuna entre a modelação e a simulação e examinar o desempenho do modelo SysML.

Nos últimos anos, a complexidade de qualquer sistema tem vindo a aumentar gradualmente. A integração de componentes heterogéneos do sistema, como os componentes eléctricos, de software, mecânicos, etc., é a razão por detrás disso. Além disso, os criadores de sistemas estão sempre obrigados a manter o seu objetivo de construir o produto correto a baixo custo e com uma data de entrega fixa. Por outro lado, é necessária uma perceção clara do âmbito global do projeto para verificar a conformidade com os requisitos.

Até à data, a conceção de um sistema correto tem sido um grande obstáculo para os engenheiros de sistemas. Por outro lado, por vezes, uma conceção errada do sistema, que não é reconhecida numa fase inicial da conceção do sistema, pode ser pouco económica. Por conseguinte, é muito prático validar a conceção de qualquer sistema complexo o mais cedo possível.

A Engenharia de Sistemas Baseada em Modelos (MBSE) veio para resolver todos estes problemas. A MBSE restaura a anterior abordagem orientada por documentos com uma abordagem baseada em modelos. A MBSE é uma forma formalizada de modelar cada fase do ciclo de vida do desenvolvimento do sistema. As fases de modelação orientadas pela metodologia MBSE são a análise de requisitos, a conceção, a análise, a verificação e a verificação. O modelo pode expressar todos os requisitos funcionais e não funcionais e os componentes estruturais e comportamentais de um sistema. Atualmente, estão a ganhar popularidade vários modelos de sistema de alto nível para um sistema incorporado complexo, concebidos pela linguagem SysML[III] suportada pela MBSE.

De acordo com a INCOSE, a modelação e a simulação do sistema são atualmente comuns para a avaliação dos requisitos e da funcionalidade do sistema. Uma parte do

---

[III] http://www.omg.org/spec/SysML/1.4/

sistema ou todo o sistema pode ser validado de acordo com o requisito. Algumas rotinas analíticas podem ser executadas para fins de análise formal ou qualquer análise orientada para a simulação também pode ser utilizada.

Esta proposta centra-se na criação de uma proposta de modelação SysML executável e automatizada com base num diagrama de actividades. Para o efeito, é adaptado um motor de execução SysML. O método proposto é demonstrado através de um exemplo de um estudo de caso de um sítio Web de comércio eletrónico.

3.2   Abordagens de simulação de modelos

Existem algumas abordagens para produzir código de simulação a partir de um modelo SysML. A SysML suporta diferentes diagramas que podem ser utilizados para simular um modelo de sistema de vários pontos de vista. Geralmente, qualquer modelo SysML, incluindo perfis específicos de simulação , é concebido com uma ferramenta de modelação. Este modelo é exportado para um formato XML Metadata Interchange (XMI). Em seguida, é transformado em modelos específicos do simulador com a ajuda da linguagem de transformação de modelos (ATL, OCL, QVT, etc.) e do meta-modelo MOF. Finalmente, o modelo de simulação pode ser executado num simulador específico.

Perfil SysML4Modelica [57] lançado pelo OMG com o objetivo de transformar o modelo SysML num código de simulação executável específico da Modelica. Foi introduzido um perfil ModelicaML para incorporar a capacidade de simulação na SysML. QueryMewZTransformation (QVT) [IV] é utilizada para transformar o modelo SysML num modelo Modelica executável com a ajuda do meta-modelo MOF. É dada uma orientação para a transformação bidirecional entre as duas linguagens, transferindo com êxito todos os pormenores de modelação no modelo SysML e Modelica. Todo o processo é desenvolvido no âmbito de uma estrutura de engenharia orientada por modelos.

Em [38], é proposta uma estrutura DEVSys para a simulação de modelos SysML no simulador DEVS. Em primeiro lugar, deve ser definido um modelo SysML enriquecido com o perfil DEVS. Os diagramas de blocos podem ser utilizados para representar a estrutura interna do sistema e os diagramas de máquina de estados, de actividades e paramétricos são utilizados para representar o comportamento do sistema. Um meta-modelo DEVS é utilizado para a transformação do modelo com a ajuda da linguagem de transformação relacional QVT. Desta forma, pode ser produzido um código de simulação DEVS executável.

No Arena [6], os modelos de sistemas baseados no fabrico podem ser feitos em linguagem SysML. A transformação de modelos SysML para Arena é efectuada através da linguagem ATL[V] com um meta-modelo adicional. O modelo transformado pode ser executado no simulador Arena. A limitação deste trabalho é que apenas os diagramas de definição de blocos SysML e os diagramas de actividades são suportados pela especificação do perfil do modelo Arena. Existe também outro processo para gerar código de simulação.

_{IV} http://www. omg. org/spec/QVT/1.1

_V https://eclipse.0rg/atl/

3.3   Simulação

O modelo de sistema é construído para a conceção, análise e compreensão de qualquer sistema complexo. De acordo com a engenharia de sistemas baseada em modelos (MBSE), todas as actividades de modelação, como requisitos, análise, conceção, validação e verificação, podem ser realizadas numa única plataforma. Recentemente, tem-se dado ênfase à questão da execução de modelos através de experiências de simulação em computador. Atualmente, a Engenharia de Sistemas baseada em Modelação e Simulação (M&SBSE) está também a acompanhar a metodologia MBSE.

A simulação é uma prática comum para analisar e verificar qualquer modelo de sistema específico. A simulação é geralmente efectuada durante a fase de desenvolvimento de um sistema. A SysML é uma linguagem MBSE que suporta o processo de simulação para validação do sistema. Existem vários esforços de investigação para simular o modelo SysML. Para o efeito, são propostas diferentes ferramentas e métodos. MagicDraw[VI] , Enterprise Architect[VII] , Visual Paradigm[VIII] , Papyrus[IX] são algumas das ferramentas de modelação de sistemas mais populares.

Neste trabalho proposto, os modelos SysML para o sistema de processamento ETL são executados com a ajuda do motor de execução CST do MagicDraw.

3.4 Execução do modelo

As ferramentas SysML acima mencionadas continuam a ser tratadas como ferramentas de modelação gráfica. Neste trabalho, queremos ir além da modelação gráfica, tornando-as executáveis. Assim, o modelador terá uma nova experiência ao tornar os modelos "vivos". A execução do modelo também proporciona uma facilidade de depuração, que permite ao modelador avaliar se o modelo comportamental está a funcionar como esperado ou não. O principal desafio deste método consiste em compreender e definir corretamente a semântica de execução.

Por vezes, é impossível examinar o comportamento real do sistema devido ao custo dos recursos, ao tempo e a outras restrições de risco. A simulação fornece outra forma de validar a funcionalidade do sistema e identificar erros indesejados na fase inicial do desenvolvimento do sistema. Não é necessário manipular o sistema real.

Para efeitos de modelação SysML, utilizámos a ferramenta MagicDraw. Os modelos são executados através de um motor de simulação. Neste documento, para efeitos de simulação, utilizámos o Cameo Simulation Toolkit (CST)[X] . É suportado por um Plugin que permite ao MagicDraw a execução de modelos. O CST fornece um ambiente de execução normalizado por OMG fUML e W3C SCXML (State Chart XML). Oferece ao MagicDraw as funcionalidades de execução, animação, depuração da máquina de estados concebida e modelos de atividade para validar o comportamento do sistema num ambiente realista,

---

[VI] https://www.nomagic.com/products/magicdraw

[VII] http://www.sparxsystems.com/products/ea/

[VIII] https://www.visual-paradigm.com/

[IX] https://eclipse.org/papyrus/

[X] https://www.nomagic.com/product-addons/magicdraw-addons/cameo-simulation-toolkit

incluindo a interface do utilizador. Define a semântica específica do modelo e uma máquina virtual básica UML que ajuda a converter os modelos concebidos em diferentes formas executáveis. Ajuda a integrar e a instanciar modelos comportamentais e estruturais (especialmente diagramas de atividade e modelos paramétricos UML).

3.4.1 Motor de execução

A semântica de execução é definida na linguagem de modelação. Para a execução do modelo, a semântica tem de ser corretamente definida. Além disso, ajuda a validar corretamente o modelo específico. Como já foi referido, a SysML é herdada da UML. A UML executável (xUML) foi introduzida para expandir as caraterísticas da UML, tornando-a executável através de especificações comportamentais.

fUML Foundational UML (fUML)[XI] é um subconjunto de xUML, normalizado pela OMG. Especificou a semântica de execução do fUML. Define a semântica estrutural e comportamental de um sistema. Como um perfil estendido da UML, o SysML é bem sucedido nessas semânticas. fUML define uma máquina virtual para a UML. A abstração dos modelos de componentes activados é transformada em várias formas executáveis para efeitos de integração, verificação, validação e implantação. Suporta o suporte de actividades e acções da linguagem UML, que inclui fluxos de objectos e de controlo, chamadas de operações, comportamento síncrono e assíncrono do sistema, sinais de entrada e de saída, temporizadores, pinos, estruturas, nós de atividade, parâmetros e muitas outras caraterísticas.

O SCXML State Chart XML (SCXML) define as notações de máquina de estados para abstração de controlo. Fornece um ambiente geral de execução baseado em máquinas de estado. Pode descrever máquinas de estado complexas, subestados, concorrência, eventos temporais, histórico e muito mais. Os motores SCXML permitem fluxos de processos empresariais, gestão de interações, bits de navegação de vistas e muitas outras funcionalidades. Através do SCXML, podemos simular modelos executáveis para demonstração de ferramentas, bem como rever o comportamento do sistema. O CST suporta a exportação do formato de ficheiro SCXML a partir de modelos de máquinas de estado UML para processos de transformação ou análise posterior.

Integração fUML e SCXML O modelo de execução fUML é tratado como uma espinha dorsal para qualquer tipo de execução CST. Mas não tem suporte para os modelos de máquina de estados. Para colmatar esta lacuna, o motor SCXML é integrado na interface de execução fUML. Como resultado, o comportamento da máquina de estados é integrado nas CallBehaviorActions.

3.4.2 Exemplo de simulação de modelo

No nosso trabalho anterior, concebemos um modelo concetual de um processo ETL utilizando a linguagem SysML. É utilizado um diagrama de actividades para representar o modelo ETL. O objetivo seguinte deste trabalho é simular este modelo.

O CST produz um motor de simulação de actividades que permite a

---

9https://www.omg.org/spec/FUML/

execução de um diagrama de actividades. Existe uma lista de elementos de atividade que são suportados pelo fUML. Em primeiro lugar, é necessário criar um novo projeto de simulação e, em seguida, criar uma classe. Uma classe é o contexto de qualquer atividade que é criada no navegador de contenção. Para simular qualquer atividade UML, que pode ser designada por classificador, é necessário especificar o comportamento do classificador na atividade.

Para a introdução de ficheiros Excel ou CSV, é aplicado um plugin de importação Excel[XII]. Permite importar qualquer ficheiro Excel ou CSV como classes de esquema. Os dados por linha são importados de um ficheiro como especificações de instância das classes de esquema selecionadas. Quando um título de tabela é importado, o plugin de importação do Excel permite criar uma classe de esquema. Aplica um estereótipo *fileSchema* incluindo o valor marcado da etiqueta *fileName*. A Figura 3.1 mostra um diagrama de mapeamento da classe de esquema de fornecedor.

O plugin de importação do Excel também gera um mapeamento de classes. O diagrama de mapeamento representa a relação entre os elementos de classe do esquema e os elementos de destino. A Figura 3.2 representa um diagrama de mapeamento do fornecedor.

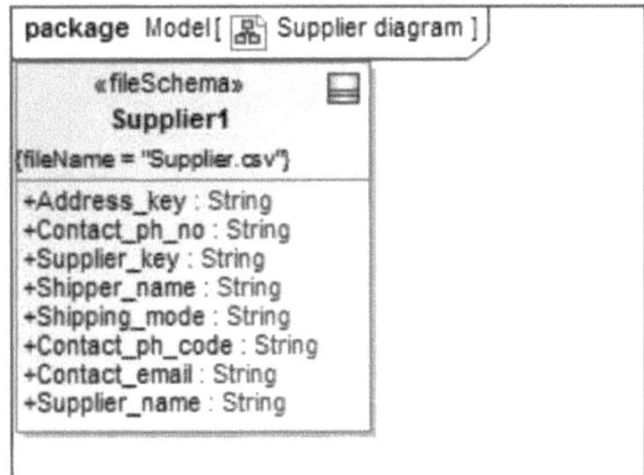

Figura 3.1: Diagrama de classe de esquema

O assistente Criar mapeamento ajuda a criar um mapeamento de classes. Durante o processo de mapeamento, é necessário especificar uma origem, uma classe de esquema e, finalmente, um elemento de destino. Aqui, a classe de esquema é o elemento de origem. O elemento de destino pode ser um perfil SysML ou um perfil UML, ou um modelo de utilizador. É criado um diagrama de estrutura composta se a classe de esquema e o elemento de destino forem mapeados com êxito. É o diagrama de mapeamento. O plug-in ligará automaticamente os elementos da origem e os elementos de destino se os nomes das propriedades coincidirem.

[XII]https://www.nomagic.com/product-addons/no-cost-add-ons/other-no-cost-add-ons

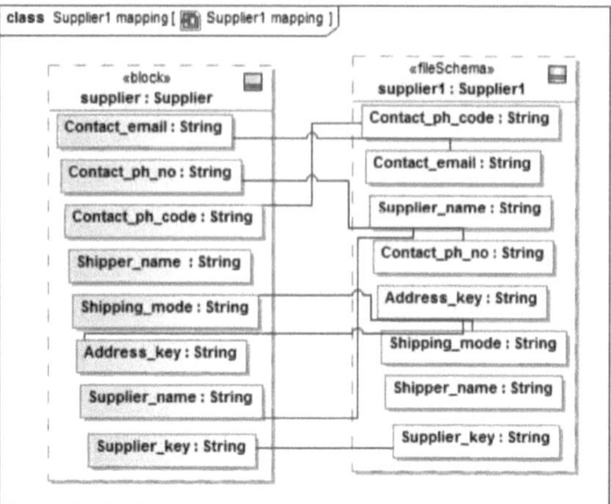

Figura 3.2: Diagrama de mapeamento

A Figura 3.3 representa o modelo de simulação do processo ETL. O diagrama de simulação da atividade de vendas mostra o processamento global do sistema. O processamento das acções de comportamento Fornecedor, Cliente, Promoção, Produto, Website e Data/Hora é feito em simultâneo. A Figura 3.4 mostra a simulação do diagrama de subactividade do fornecedor com uma visão mais detalhada. No ponto de partida, os ficheiros Excel ou CSV são

extraído. Todos os dados são carregados para a tabela de dimensões e os valores-chave são carregados para a tabela Fact. Este procedimento é aplicado a cada ação Cliente, Promoção, Produto, Website e Data/Hora. Para cada ação, os dados são carregados no facto e na dimensão, respetivamente

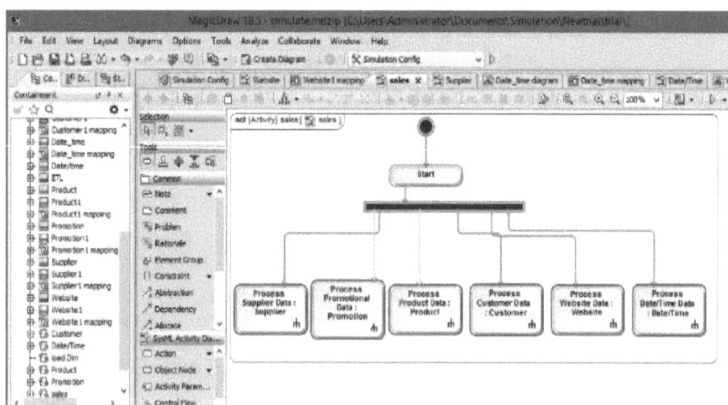

Figura 3.3: Simulação do modelo de atividade

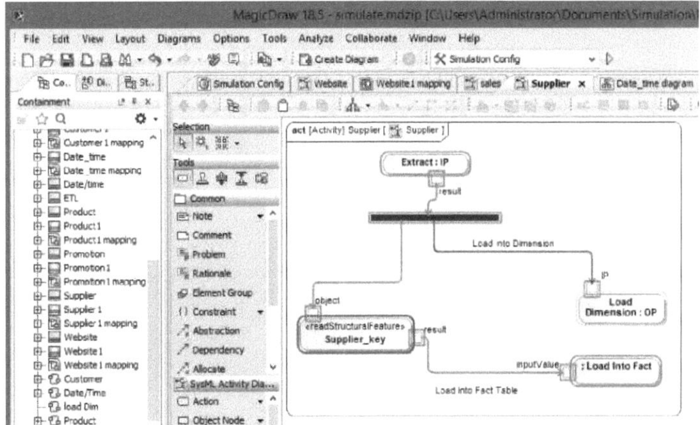

Figura 3.4: Simulação da subactividade do fornecedor

O modelo pode ser executado a partir do painel do diagrama ou do menu de contexto no navegador de contenção. Uma janela de simulação será aberta como mostrado na Figura 3.5. Existem três secções na janela de simulação: Sessões, Console e Variáveis. A sessão de simulação contém os elementos em execução do modelo, e o painel Consola mostra os resultados e o painel Variáveis mostra o objeto em tempo de execução da Atividade principal.

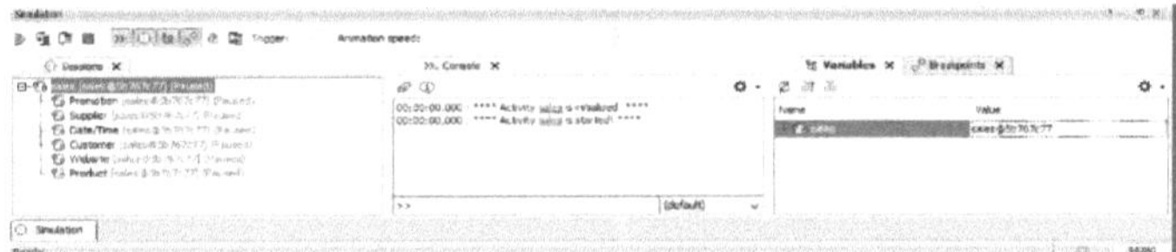

Figura 3.5: Janela de simulação do modelo

Depois de executar o projeto de simulação, o exemplo de saída gerado no painel da consola é apresentado na Figura 3.6. O projeto de simulação de atividade geral está extraindo com sucesso os dados de origem e carregando os dados nas tabelas Fato e Dimensão.

```
00:00:00.000 : **** Activity sales is initialized. ****
00:00:00.000 : **** Activity sales is started! ****
Supplier@2ca1783d {
Supplier_key = [SS1]
Supplier_name = [camerasshopperstop]
Address_key = [AA1]
Shipping_mode = [Postal]
Shipper_name = []
Contact_ph_code = [91]
Contact_ph_no = [9432844499]
Contact_email = [cameras@yahoomail.com]
}
Product@9f305bf {
product_key = [PP1]
category_key = [CC1]
SKU_no = [POI0987654321]
prod_name = [Tea Shirt]
prod_info = [Mens]
unit_price = [519]
category_info = [Clothing]
manufacturer_info = [Outfitters Limited]
Brand_name = [Adidas]
color_info = [Blue]
size_info = [M]
Weight_info = [400gm]
```

Figura 3.6: Saída da simulação

3.5 Resumo

O processo ETL é responsável pela seleção e extração de dados de várias fontes, sendo depois limpos e transformados de acordo com o formato desejado e finalmente actualizados num DW. A modelação do processo ETL é uma forma de conceber a orientação dos dados e estabelecer a sua relação ao longo da atividade de processamento ETL.

Neste capítulo, o foco principal é a modelação de um processo ETL ao nível concetual. Um número significativo de trabalhos foi realizado para a modelação de processos ETL através de UML, BPMN ou métodos baseados na Web Semântica. Neste trabalho, propusemos um modelo de sistema orientado a MBSE para o processo ETL para o ambiente de data warehouse. Para o efeito, é utilizada uma nova linguagem de modelação denominada SysML, que está a ganhar popularidade na modelação atualmente. É derivada da UML, oferecendo algumas facilidades adicionais aos engenheiros de sistemas. Ao utilizar a SysML, o modelo do sistema pode ser concebido de uma forma mais expressiva e flexível. Neste trabalho, é apresentado um exemplo de um sistema de comércio eletrónico para a modelação do processo ETL. Em particular, a propagação de dados das fontes para o DW é explicada como um caso de utilização do modelo. O modelo desenvolvido é independente da plataforma por natureza e simples de compreender por utilizadores técnicos e não técnicos. Após a conceção do modelo ETL utilizando a linguagem SysML, é gerado o código XMI executável correspondente.

A SysML possibilita a utilização de uma metodologia de Engenharia de Sistemas Baseada em Modelos (MBSE) para aumentar a produção e a qualidade e, ao mesmo tempo, reduzir o risco no desenvolvimento de sistemas. As principais vantagens do modelo de simulação incluem Sem criar o sistema, examinar o seu comportamento. Uma vez que os princípios são baseados em estudos e experiências reais, é extremamente difícil desenvolver um modelo ou simulação absolutamente realista. A maior desvantagem das simulações é que não são representações exactas da realidade e, ocasionalmente, pode ser difícil compreender os resultados.

Neste trabalho alargado, o modelo ETL é validado utilizando um ambiente de simulação fornecido por uma ferramenta de modelação visual. Optámos por uma abordagem baseada em ferramentas para simular o modelo proposto. A partir do modelo de simulação, é possível analisar como diferentes arquivos de dados são extraídos da fonte e carregados no fato e nas dimensões.

No futuro, tencionamos alargar a visão do modelo ao nível lógico e físico e criar uma estrutura integrada baseada em MBSE para implementar o processo ETL.

Capítulo 4 : Análise empírica

4.1 Análise empírica das ferramentas ETL programáveis

As ferramentas ETL [85] são um fornecedor de soluções, oferecendo uma interface gráfica de utilizador de fácil utilização (GUI) para mapear itens de dados entre o sistema de origem e o sistema de destino de uma forma rápida e sem complicações. Apesar do desenvolvimento e manutenção de sistemas ETL personalizados codificados à mão, é mais fácil e rápido selecionar e utilizar qualquer ferramenta ETL. O utilizador tem de configurar a ferramenta de acordo com as suas necessidades. Muitas ferramentas ETL de código aberto (por exemplo, Pentaho Kettle[XIII][XIV] , Talend 2) e comerciais (por exemplo, Informatica[XV] , SAS, ODI[XVI] , IBM[XVII]) são fornecidas com uma GUI agradável que é fácil de utilizar por não programadores. Utilizando este tipo de ferramenta, os programadores concebem o fluxo visual dos dados ao longo do processo ETL. Uma desvantagem deste tipo de abordagem visual é que, por vezes, é difícil conceber um cenário ETL específico com os elementos limitados disponíveis na ferramenta gráfica.

Escrever algumas linhas de código pode ser a melhor forma de resolver este tipo de problema. Porque é complicado arrastar ícones, desenhar linhas de fluxo e definir propriedades para uma conceção de caso complexa no que respeita à escrita de códigos ETL personalizáveis. Aqui, uma das principais considerações deve ser a produtividade de qualquer sistema. A utilização de qualquer ferramenta baseada em GUI não pode garantir uma maior produtividade em comparação com uma abordagem baseada em código. Geralmente, o desenvolvimento de ETL é efectuado por técnicos especializados. Por conseguinte, justifica-se optar por uma opção ETL baseada em código em vez de uma opção baseada em GUI. Concordamos que um programa gráfico é eficaz para a auto-documentação e para as caraterísticas normalizadas. Mas, ainda assim, há alguns aspectos em que uma abordagem baseada em código pode fornecer uma solução eficaz. Codificar o seu próprio pipelining de dados para extração é uma tarefa fascinante. Mas é uma tarefa difícil. Atualmente, muitas empresas estão a optar por escrever o seu próprio código/scripts para a integração de dados no ambiente de nuvem. Uma das principais vantagens da abordagem baseada em código é a possibilidade de efetuar qualquer tipo de personalização que, por vezes, não é oferecida pela solução ETL baseada em GUI existente. Esta abordagem baseada em código pode ser benéfica em termos de flexibilidade, otimização do desempenho e auto-serviços. Existem também alguns problemas no que respeita à modificação e manutenção do código. Só pessoas com conhecimentos técnicos especializados o podem fazer. No entanto, no caso da abordagem baseada em GUI, qualquer pessoa não técnica pode também gerir a

---

[XIII] http://www. pentaho.com/product/data-integração

2http://www.talend.com/products/data-integração

3https://www.informatica.com/in/products/data-integration.html

4http://www.oracle.com/technetwork/middleware/data-integration/overview/index.html 5http://www-03.ibm.com/software/products/en/infosphere-information-server/

programação do fluxo de trabalho, o mapeamento, as tarefas e os trabalhos após uma pequena sessão de formação.

Até à data, foram publicados alguns artigos de revisão [71,51.60] sobre ferramentas ETL. No entanto, são normalmente efectuados sobre ferramentas ETL comerciais disponíveis no mercado. E a maioria das ferramentas é de código aberto. Esses trabalhos incluem apenas uma perspetiva de alto nível, sem abranger quaisquer pormenores técnicos. No entanto, até à data, não se observou nenhum trabalho deste tipo sobre a ferramenta ETL baseada em código desenvolvida por académicos. O objetivo deste trabalho é apresentar um relatório de análise integrado no domínio da investigação do sistema ETL programável. Para o efeito, são selecionados quatro trabalhos proeminentes sobre o quadro ETL, nomeadamente Pygrametl, Petl, Scriptella e R_etl. Cada uma das ferramentas ETL avaliadas é discutida com as suas caraterísticas únicas na secção seguinte.

4.2 Visão geral das ferramentas ETL

Existem inúmeras ferramentas ETL disponíveis no mercado. Cada uma das ferramentas oferece as suas próprias caraterísticas e limitações. Mas a maior parte das ferramentas ETL são baseadas em GUI. A disponibilidade de um menor grau de facilidade de personalização para modelação e integração do ambiente de extensão nas ferramentas ETL baseadas em GUI levou muitas organizações a optarem por soluções programáveis para o processo ETL. Neste trabalho, selecionámos algumas ferramentas ETL baseadas em código. Todas estas ferramentas são de código aberto e não oferecem qualquer interface gráfica com o utilizador. A introdução básica sobre estas ferramentas selecionadas é discutida abaixo.

4.2.1 Pygrametl

Mais notavelmente, Pygrametl [82, 81] é uma estrutura ETL de código aberto baseada em python, lançada pela primeira vez em 2009. Este software está licenciado sob a norma BSD. Até à data, esta ferramenta tem sido objeto de atualização contínua.

Sem desenhar qualquer processo ETL utilizando uma ferramenta baseada em GUI, o Pygrametl[XVIII] sugere a execução de tarefas ETL escrevendo códigos python. Oferece algumas funcionalidades ETL normalmente utilizadas para preencher dados no DW. O fluxo de dados pode ser realizado em três fases, nomeadamente extração, limpeza e inserção no DW. Os dados são representados através de um dicionário python com um par de chaves e valores. As bases de dados suportadas são PostgreSQL, MySQL e Oracle. A integração perfeita de qualquer novo tipo de fonte de dados pode ser efectuada utilizando as funções "merge-join", "hash-join" e "union-source". O carregamento em lote ou em massa pode ser efectuado de acordo com as necessidades.

É fácil preencher tabelas de factos e de dimensões a partir dos dados de origem através de uma única iteração. Permite inserir dados em dimensões em estrela ou em floco de neve que abrangem várias tabelas. Além disso, permite avançar

---

no suporte de dimensões aplicando SCD tipo 1 e 2.

4.2.2 Petl

Nomeadamente, o Petl[XIX] é um pacote Python de uso geral que é capaz de executar tarefas convencionais de ETL. Este pacote é suportado pela licença MIT. O Pctl suporta tanto o estilo de programação orientado para objectos como o estilo de programação funcional. Está disponível uma documentação bem explicada para implementar tarefas gerais de ETL. O Petl pode lidar com uma vasta gama de fontes de dados com ficheiros estruturados como CSV, Texto e ficheiros semiestruturados como XML, JSON, etc. PyMySQL, PostgreSQL e SQLite são três bases de dados compatíveis com este pacote.

O Petl suporta o máximo de padrões de transformação necessários em qualquer processo ETL. Para além da calendarização, a função utilitária de visualização materializada, pesquisa, etc., proporciona vantagens adicionais ao programador. A adição de qualquer pacote de terceiros pode ser facilmente efectuada no programa. A utilização eficiente da memória é implementada através da utilização da avaliação preguiçosa e do iterador. O fluxo de dados ETL é sincronizado utilizando pipelines ETL. No entanto, não dispõe de SCD ou de um mecanismo de tratamento de paralelismo.

4.2.3 Scriptella

Scriptella[XX XXI *] é outra ferramenta ETL baseada em scripts, escrita em Java. Está licenciada ao abrigo da versão 2.0 9 da Apache. As consultas SQL simples são executadas utilizando a ponte JDBC nesta linguagem de script. No caso de um fornecedor não JDBC, pode ser adicionado utilizando um script SQL misto. Para descrever várias tarefas ETL, é utilizado um script XML. Para efeitos de transformação, pode ser utilizada a linguagem SQL ou outra linguagem de script.

A aplicação principal centra-se na execução de scripts escritos em SQL, JEXL, Javascript e velocidade para efeitos de operações ETL de/para várias bases de dados, bem como em formatos de ficheiros como texto, CSV, XML, LDAP, etc. Um invólucro fino criado por um script XML pode dar uma facilidade extra para criar um script SQL dinâmico.

Podem ser adicionadas várias fontes de dados a um programa ETL com suporte adicional para algumas funcionalidades JDBC como batching, escaping, etc. Não é necessária qualquer instalação para implementar a ferramenta ou esta pode ser utilizada como tarefa *Ant*. Apenas é necessário o JDK ou o JRE com uma versão superior a 5.0. A execução desta ferramenta também é muito simples. É compatível com muitas bases de dados populares com controladores compatíveis com JDBC/ODBC. Para fontes de dados não JDBC, é desenvolvida uma interface de fornecedor de serviços (SPI). A sua disposição de integração abrange Java EE, JMX,

---

XIX http://petl. readthedocs.io/en/latest/
8http://scriptella.org/
9https://github.com/scriptella/scriptella-etl/wiki

Spring framework, java mail, JNDI para facilitar a criação de scripts com normas empresariais.

A tarefa ETL básica pode ser executada, mas com suporte de transformação limitado. Tanto o carregamento em lote como o carregamento em massa podem ser implementados através desta ferramenta. Não oferece qualquer suporte para paralelismo, nem para instalações específicas de armazém como o SCD. O Scriptella não oferece qualquer facilidade GUI.

4.2.4 R_etl

Hoje em dia, o R é uma linguagem promissora que está a ganhar popularidade no domínio da ciência dos dados. Um pacote recentemente desenvolvido para o R [7], denominado *etl*, foi selecionado para este trabalho[XXII][XXIII][11] . Está licenciado sob CC0 com a versão 0.3.7 e disponível no CRAN[11] . Fornece uma estrutura canalizável para executar operações ETL essenciais. É adequado para trabalhar com dados de dimensão média.

Este pacote etl pode funcionar como uma base para alargar os seus pacotes dependentes para gerir quaisquer conjuntos de dados específicos. Estão disponíveis sete pacotes dependentes de fonte aberta e multiplataforma para aceder e analisar facilmente conjuntos de dados médios acessíveis ao público (PAMDAS). Este pacote etl pode ser alargado para realizar operações ETL para quaisquer dados armazenados num pacote R.

RPostgreSQL, RPostgreSQL, RSQLite são os controladores DBI para R compatíveis com este pacote. É adequado para tratar dados que podem residir numa base de dados local ou remota. A criação ou gestão de bases de dados pode ser efectuada sem necessidade de conhecimentos de SQL. Algumas funções utilitárias, como dbRunScript, smart_download, smart_upload, src_mysql_cnf, etc., podem proporcionar algumas vantagens adicionais aos programadores. São necessárias muito poucas linhas de código para implementar esta ferramenta. Mas apenas algumas funcionalidades ETL básicas são activadas aqui. Não satisfaz os requisitos das tecnologias ETL actuais.

4.3 Aferição de desempenhos baseada em caraterísticas

Após a implementação de cada ferramenta no local, foram identificadas diferentes caraterísticas. Com base nestas caraterísticas, é efectuada uma tabela de comparação. A matriz de comparação é apresentada no Quadro 4.1, que apresenta uma breve panorâmica destas ferramentas. Estas são as caraterísticas gerais que podem ser consideradas como critérios de avaliação de qualquer ferramenta ETL. A avaliação comparativa destas ferramentas pode ser feita com base nestas caraterísticas selecionadas.

Com base na análise da especificação das caraterísticas, podemos ter uma visão aprofundada das ferramentas ETL baseadas em código selecionadas. A observação geral é que a facilidade de utilização desempenha um papel importante na avaliação comparativa das ferramentas ETL.

[XXII]https://cran.r-project.org/web/packages/etl/README.html
[XXIII]http://github.com/beanumber/etl

A ferramenta deve ser fácil de utilizar e facilmente compreensível. Deve ser seguida uma abordagem centrada nos dados. A funcionalidade utilizada nestas ferramentas deve ser reutilizável. As ferramentas devem suportar tarefas de transformação básicas e complexas. A escalabilidade é uma das caraterísticas desejadas. Inclui o tratamento de dados em massa com suporte de particionamento, agrupamento e paralelismo. O mapeamento de dados deve ser transparente e fácil. O suporte de dados não estruturados é uma vantagem adicional para os utilizadores modernos. Atualmente, as ferramentas ETL com mecanismo de tratamento de grandes volumes de dados são as caraterísticas mais exigentes. Para além disso, há muitas outras especificações que são consideradas para a análise comparativa.

4.4 Análise experimental

A disponibilidade de diferentes funcionalidades nestas ferramentas torna difícil a criação de uma classificação. Porque todas elas têm um tipo especial de caraterísticas. Assim, o aspeto respetivo é o ponto principal para escolher qualquer ferramenta a utilizar. As especificações gerais destas ferramentas foram abordadas na secção anterior. Esta secção aborda a avaliação do desempenho de cada ferramenta com base nas suas caraterísticas.

4.4.1 Análise de desempenho

Todas as ferramentas ETL foram implementadas na máquina local. As especificações de hardware da máquina e a descrição do software são apresentadas de seguida.

Especificações de hardware: A configuração do hardware é a seguinte:

- Processador: CPU Intel(R) Core(TM) i3-4170 @3.70 Ghz 3.70Ghz

- Memória instalada (RAM): 4.00 GB

- Tipo de sistema: Sistema operativo de 64 bits, processador baseado em X64

- Sistema operativo: Windows 8.1

Tabela 4.1: Matriz de comparação de caraterísticas do fornecedor de soluções ETL

Specifications	Pygrametl	Petl	Scriptella	R_etl
Easy usability	N	Y	Y	Y
Data centric approach	Y	Y	Y	Y
SOA-enabled	N	N	N	N
Reusable functionality	Y	Y	N	Y
Single installation	Y	N	N	N
Big Data handle	N	Y	Y	N
Data segregation	Y	Y	Y	N
Real-time triggers	N	N	N	N
Unstructured data support	N	Y	Y	N
Multiple source join	Y	Y	Y	N
Complex transformation	N	Y	N	N
Data validations	N	Y	N	Y
SCD Support	Y	N	N	N
Parallelism Support	Y	N	N	N
Bulk Load	Y	N	Y	N
Data pipeline	N	Y	N	Y
Easy data mapping	Y	Y	Y	Y
Lookup support	N	N	Y	N
Code Re-usability	Y	Y	N	Y
Exception Handling	Y	Y	Y	N
Documentation available	Y	Y	N	Y
Third-party dependency	N	Y	Y	Y
Version control	Y	Y	Y	Y
Deploy in cloud	N	N	N	N
Licensed	Y	Y	Y	Y
Community based forum	Y	Y	Y	Y

Especificações da ferramenta: Foram instaladas quatro ferramentas/pacote ETL na máquina. As especificações das ferramentas são apresentadas aqui.

- A versão 2.6 do *Pygrametl* foi instalada com a base de dados PostgreSQL e MySQLdb para efeitos de implementação. A versão 3.6 do Python é utilizada no IDE Spyder.

- É utilizada a versão 1.1.1 do *Petl*. Não tem quaisquer dependências de instalação. Foi utilizada a base de dados SQLAlchemy e PostgreSQL. Aqui também é utilizado o Python 3.6 no Spyder.

- A versão 1.1 do *Scriptella* foi instalada juntamente com a base de dados HSQLDB.

- O pacote *etl* versão 0.3.7 e o PostgreSQL são instalados juntamente com o DBI RPostgreSQL. Para o IDE, é utilizado o RStudio e a versão 3.4.4 do R.

Avaliámos o desempenho de quatro ferramentas ETL baseadas em código com base em quatro critérios. Os critérios são o tempo de execução, o apoio à transformação, o rendimento e o comprimento do código. Cada um dos casos foi avaliado com estas ferramentas. Após a avaliação, os resultados foram representados graficamente.

Tempo de execução

A quantificação do tempo necessário para executar qualquer processo ETL é o caso mais importante para analisar qualquer ferramenta. Para o efeito, cada uma das ferramentas é executada no local. O tempo de execução de cada ferramenta é recolhido e representado num gráfico na Figura 4.1. Entre as duas fontes do ficheiro de entrada, um ficheiro contém 120 elementos de linha e outro ficheiro contém 8 elementos de linha que têm de ser movidos em DW. O tempo de execução é calculado em número de segundos. Observa-se que o R_etl é muito mais eficiente do que as outras três opções no que respeita ao tempo de execução.

Apoio à transformação

Efetuar a transformação necessária é a tarefa mais importante no processo ETL. O processo principal consiste em selecionar os dados de origem adequados e aplicar as regras de transformação necessárias. A geração de dados corretos depende da conclusão bem sucedida do processo de transformação. Por isso, um aspeto fundamental para qualquer ferramenta de integração de dados é fornecer uma boa gama de apoio à transformação de dados. Neste estudo, foi identificada uma lista de transformações suportadas por cada ferramenta. Com base na gama de suporte de transformação fornecida por cada ferramenta, foi elaborado um gráfico comparativo na Figura 4.2. Observa-se que Petl é a ferramenta com maior número de

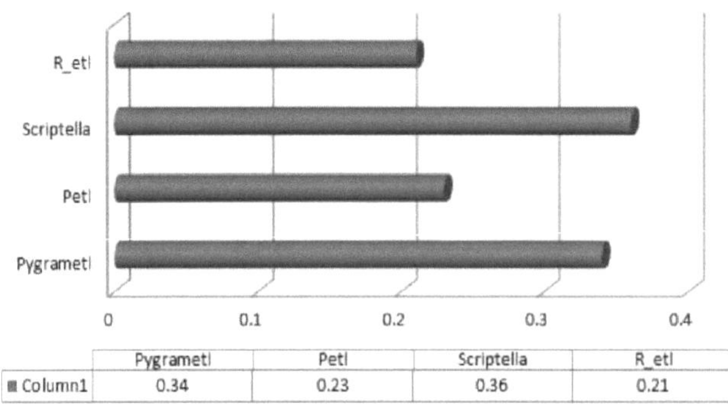

	Pygrametl	Petl	Scriptella	R_etl
▪ Column1	0.34	0.23	0.36	0.21

Figura 4.1: Tempo de execução

provedor de variedades de transformação. Os tipos de transformação suportados pelo Petl são: Transformações básicas, Manipulação de cabeçalhos, Expressões regulares, Desempacotamento de valores compostos, Conjugação de valores, Seleção de linhas, Transformação de linhas, Ordenação, Desduplicação de linhas, Redução de linhas (agregação), União, Operações de conjunto, Reformulação de tabelas, Preenchimento de valores em falta,

Intervalos e Validação.

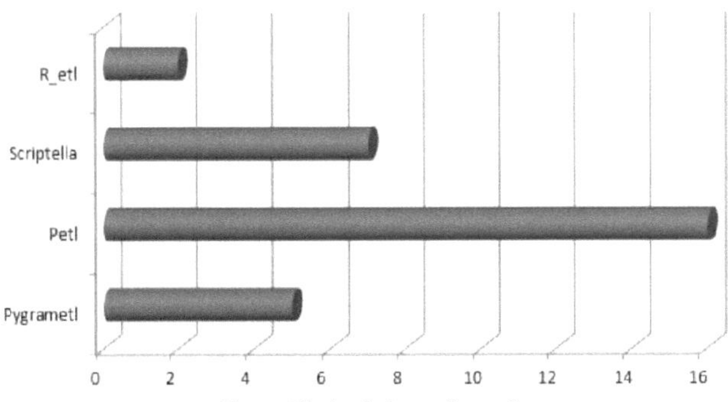

Figura 4.2: Apoio à transformação

Rendimento

Para avaliar a eficiência de um sistema, o débito é uma das métricas mais importantes. O cálculo da taxa de transferência é uma das tarefas mais comuns para avaliar o desempenho do sistema. Neste caso, o débito é a quantidade de dados processados por tempo. Para qualquer projeto de integração de dados, é desejável um rendimento elevado. Neste caso, o débito de cada ferramenta ETL é medido após a implantação de cada um dos quatro sistemas no local. O gráfico da Figura 4.3 apresenta o desempenho da taxa de transferência de cada um deles. Neste caso, a taxa de transferência é medida em função do número de linhas processadas por segundo. Observa-se que o desempenho do R_etl é melhor do que o dos outros.

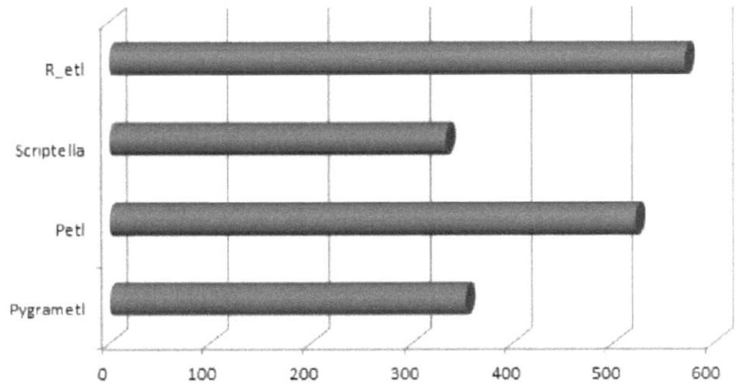

Figura 4.3: Taxa de transferência

Linha de código

É uma medida de quantas linhas de código (LOC) são necessárias para realizar

53

o processo ETL total. Quaisquer comentários ou linhas em branco não são contabilizados. A LOC é uma das métricas utilizadas na engenharia de software para a estimativa de custos. O LOC é utilizado para avaliar a eficiência de um projeto. Além disso, ajuda a prever o esforço e o tempo necessários para construir qualquer projeto de software. Neste caso, tomámos o LOC como parâmetro de medição no âmbito das ferramentas selecionadas. A Figura 4.4 apresenta um gráfico comparativo que mostra a linha de código necessária para cada ferramenta para realizar a tarefa. Para este caso, considera-se um valor aproximado. Menos linhas de código significam a facilidade e o tempo com que se pode escrever um código para implementar a ETL. A partir do gráfico, é visível que *a ETL* utilizando o R requer menos código do que as outras ferramentas.

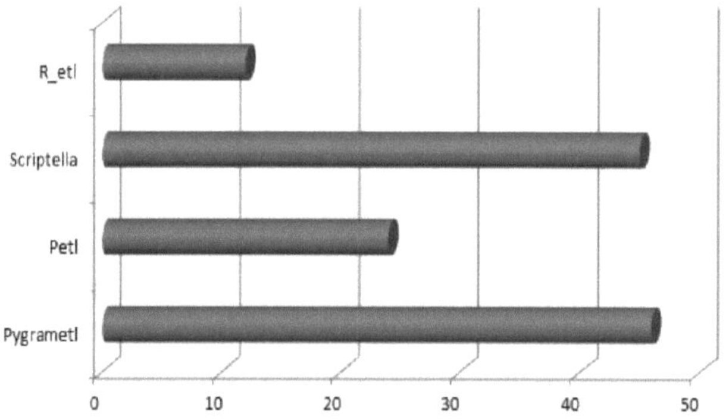

Figura 4.4: Linha de código

4.5 Resumo

Atualmente, a exigência de um tratamento contínuo e crescente da quantidade de dados num ambiente mais complexo constitui um grande desafio no domínio da investigação. Exige um processo ETL normalizado que tem um grande impacto comercial na indústria de BI. A maioria das organizações opta por adotar qualquer produto baseado em GUI de um fornecedor para a sua solução ETL. No entanto, nalguns casos, o ETL codificado à medida pode ser a melhor opção em termos de desempenho.

Este trabalho escolheu a segunda opção para a solução ETL. Foram escolhidas quatro ferramentas promissoras de ETL baseadas em código: Pygrametl, Petl, Scriptella e R_etl. As suas caraterísticas gerais foram estudadas e implementadas. É apresentada uma análise experimental e de caraterísticas deste tipo de ferramenta.

Relativamente às desvantagens do trabalho apresentado neste capítulo, podem ser selecionadas mais algumas variantes de ferramentas ETL de base de código. Para a avaliação do desempenho, são aqui considerados principalmente quatro critérios (tempo de execução, suporte de transformação, taxa de transferência, linha de código). Alguns outros critérios (como a integração de dados na nuvem, a transformação complexa, o tratamento de grandes volumes de dados, o fluxo de dados, etc.) podem ser examinados.

Esta proposta resume e avalia o trabalho recente no domínio da abordagem de desenvolvimento ETL programável de uma forma inovadora. O objetivo principal não é indicar qual a ferramenta que é boa ou má. Depende totalmente dos requisitos e competências específicos de qualquer organização, como escalabilidade, custos, suporte de infra-estruturas e muito mais. Espero que este trabalho ajude a desenvolver uma perspetiva profunda no domínio do processo ETL.

Capítulo 5: ETL em tempo real

5.1   Integração de dados em tempo real

O processo ETL tradicional é a espinha dorsal das abordagens modernas de integração de dados. As empresas, desde as pequenas às grandes multinacionais, dependem do processo ETL para manter e atualizar os seus dados transaccionais quotidianos, tendo uma visão profunda dos mesmos para tomar melhores decisões de gestão competitivas e servir os seus valiosos clientes. As abordagens ETL tradicionais eram principalmente orientadas para o lote. Isto significa que as tarefas ETL eram executadas em modo batch em intervalos de tempo fixos. Por exemplo, uma cadeia de restaurantes de comida de primeira precisa de executar ETL em lote para armazenar e calcular as suas receitas diárias. Programará a execução da tarefa ETL diariamente à meia-noite, depois de os restaurantes fecharem. O ETL tradicional adapta-se exatamente a estes requisitos. Não necessita de um processo ETL em tempo real.

Mas hoje em dia, muitas organizações estão a optar por soluções ETL em tempo real [87, 46]. Aqui, tempo real significa que os dados devem ser propagados para o armazém de dados assim que estiverem disponíveis no lado da fonte. Por exemplo, para efeitos de deteção de fraudes em qualquer sistema bancário, o ETL em tempo real é uma escolha mais inteligente do que a abordagem tradicional. Sempre que um titular de um cartão de crédito efectua uma transação em linha, a empresa tem de investigar se se trata de uma fraude ou não, e deve ser enviado um alerta ao proprietário imediatamente (no espaço de minutos) sobre a transação suspeita. Se uma transação for efectuada numa loja pouco habitual, numa nova cidade ou país, ou a uma hora pouco habitual, será emitido um alerta.

Com a continuação da abordagem da ferramenta ETL baseada em código, é proposto um novo modelo de solução para satisfazer a procura de ETL quase em tempo real. O objetivo é alcançado através da implementação do modelo de carregamento incremental [34] com a ajuda da abordagem CDC (Change data capture) [79]. A contribuição deste trabalho é destacar uma nova área através de uma técnica de desenvolvimento de ETL programável. O trabalho é continuado através da conceção de uma nova técnica de integração de dados baseada em ETL. A solução proposta torna a integração de dados muito mais eficiente ao preencher de forma incremental apenas os dados alterados no DW no momento certo. Posteriormente, o modelo ETL proposto é discutido com pormenores algorítmicos.

5.2   Modelação ETL Empregos

O principal objetivo do trabalho é conceber um modelo para uma ferramenta ETL baseada em código, através do qual podemos reduzir o fluxo de dados e a latência para conseguir um processamento ETL quase em tempo real no ambiente DW, no que diz respeito ao carregamento incremental, utilizando a técnica CDC. Esta abordagem pode reduzir significativamente a latência do processamento ETL, reduzindo a quantidade de propagação de dados ao longo das fases de extração, transformação e carregamento do fluxo de trabalho

ETL.

5.2.1 Carregamento incremental

A tarefa de carregamento no DW é executada como um processo em segundo plano num determinado intervalo de tempo. O carregamento inicial é efectuado com o objetivo principal de povoar o DW. Posteriormente, se alguma modificação ou novos dados chegarem ao lado da fonte, a atualização do DW é feita através de um recarregamento completo

para atualizar o repositório. No entanto, atualmente, com o aumento da dimensão dos dados, a elevada taxa de dados e a estrutura complexa dos dados, o recarregamento completo torna-se ineficiente e inadequado. A abordagem mais prática consiste em atualizar continuamente o DW com base nas alterações efectuadas nos dados de origem desde o recarregamento anterior. Esta abordagem é designada por carregamento incremental [34, 36]. Este tipo de carregamento é muito mais eficiente do que o carregamento completo. O carregamento incremental pode ser implementado através de dois métodos: Identificação de alterações na origem e comparação de alterações no destino.

A ideia principal da identificação de alterações na fonte é capturar apenas as alterações nos dados de origem e propagá-las para o DW. O processo de extração apenas dos novos dados e a sua propagação para o armazém de dados é implementado utilizando a técnica CDC. Se o sistema de origem do processo ETL não suportar a identificação das alterações na origem, a comparação entre a origem e o destino pode ser a outra forma de identificar os dados alterados e selecionar os dados que devem ser inseridos.

5.2.2 Captura de dados de modificação (CDC)

O CDC é uma das técnicas mais adequadas para implementar caraterísticas em tempo real em qualquer aplicação ETL. Trata-se de uma nova abordagem de integração de dados em tempo real que identifica e capta as alterações que ocorrem nas fontes de dados e fornece apenas os dados alterados ao sistema operativo [22]. Esta abordagem não necessita de tempo de inatividade do DW ou de janelas de ETL em lote. Algumas tecnologias CDC funcionam em modo batch com uma técnica de pull. Isto significa que a ferramenta ETL recebe periodicamente um lote para todas as novas alterações efectuadas até à última receção e executa-as. As soluções CDC em tempo real aplicam uma abordagem "push" de fluxo contínuo para fornecer dados. Os dados alterados no lado da fonte são capturados e entregues imediatamente ao destino.

A vantagem do CDC é que a latência pode ser reduzida para minutos ou mesmo segundos, o que torna os dados instantaneamente disponíveis, eliminando a utilização de janelas de lote. Além disso, minimiza a quantidade de fluxo de dados, pelo que a necessidade de recursos é minimizada e a velocidade e eficiência do fluxo de dados são maximizadas. O CDC responde a algumas necessidades empresariais, como a criação de Armazéns de Dados Operacionais (ODS), Monitorização da Atividade Comercial (BAM), Integração de Aplicações, Painéis de Controlo em tempo real, melhoria da qualidade dos dados, etc. Existem várias técnicas através das quais as técnicas CDC [2, 15] podem ser implementadas para detetar a mudança.

Registo transacional: A maior parte das fontes de dados mantém um registo de alterações que mantém um registo de todas as alterações efectuadas na tabela. Este registo regista a data e a hora da última modificação na tabela. Este registo transacional pode ser utilizado para capturar a alteração. Este registo é criado automaticamente por um acionador ativo da base de dados. A análise destes ficheiros de registo não afecta a base de dados operacional.

Raspagem do registo da base de dados e sniffing do registo: Esta técnica tira um instantâneo dos registos de transação mantidos pelo sistema de base de dados para cópia de segurança e recuperação numa altura programada. As técnicas posteriores envolvem o "agrupamento" do ficheiro de registo ativo e a identificação de alterações em tempo real. A primeira abordagem tem um valor de latência mais elevado.

Diferencial de instantâneo: Durante a fase de extração, é tirado um instantâneo da tabela de origem completa. Os dados alterados podem ser identificados através da comparação de instantâneos consecutivos [47, 45]. Esta técnica foi introduzida e está a ser melhorada na literatura [65]. É um processo que consome tempo e recursos, mas é uma abordagem fácil.

Índice com carimbo de data/hora: O sistema operacional mantém frequentemente uma coluna de carimbos temporais para registar a última atualização. Esta coluna, designada por coluna de auditoria, gera um novo carimbo temporal para qualquer alteração na tupla. Estas colunas de auditoria podem ser utilizadas para identificar novas alterações desde o último ciclo de carregamento.

Acionador de base de dados: É um tipo especial de atividade num sistema de base de dados que é ativado com base numa função predefinida [76]. O trigger pode ser definido em cada evento (adicionar, apagar e atualizar) para encontrar novos dados. O resultado do programa de ativação, que é armazenado noutro ficheiro, pode ser utilizado para extrair dados. Este tipo de aplicação é adequado para sistemas fonte com aplicações de bases de dados. No entanto, o sistema baseado no acionamento pode ter um impacto no desempenho do sistema de origem.

5.3   Abordagem proposta

Para implementar o carregamento incremental, o trabalho proposto divide-se em três partes. Na primeira parte do trabalho, é implementado o CDC baseado em instantâneos, que capta apenas as alterações dos dados do conjunto de dados de entrada e carrega-os para o armazém de dados. Aqui, o principal motivo é indicar uma comparação eficiente entre o registo previamente carregado e o novo registo correspondente, capturar as alterações e carregar apenas essas alterações de forma eficiente no DW. Na segunda parte, é descrito um algoritmo para o processamento de dimensões. Finalmente, na terceira parte, é apresentado formalmente um algoritmo para o processamento de factos.

Para o algoritmo, são utilizadas quatro tabelas de bases de dados e um conjunto de dados de entrada. A primeira tabela é a tabela principal que contém dados previamente carregados. A segunda e a terceira tabelas são tabelas de dimensões que serão utilizadas aquando do processamento das dimensões. A quarta é uma tabela de factos *Tabfact* e será utilizada no momento do processamento dos factos. Vamos assumir que o nome da tabela principal é *Tabmain* e que o nome da tabela de primeira dimensão é *Tab1dim* e *Tab2dm*. Vamos agora concentrar-nos no conjunto de dados de entrada. É considerado como um novo registo *Newdata* que tem de ser extraído da fonte e tem de ser carregado na tabela principal.

No Algoritmo 1, o conjunto de dados de entrada *Newdata* é inicialmente tomado como uma *DataFrame DFnew* do pandas. Em seguida, o registo previamente carregado da tabela *Tabmain* é obtido numa *DataFrame DFTabmain* da base de dados. É considerado um registo previamente carregado. Agora vamos discutir brevemente o Algoritmo 1. Em primeiro lugar, tomamos o conjunto de dados *Newdata* como entrada e este é recolhido numa *DataFrame DFnew* do pandas - como já foi referido, podemos considerá-lo um novo registo. A seguir, fomos buscar a tabela *Tabmain* a uma Pandas *DataFrame DFTabmain* da base de dados. Podemos considerá-la como um registo previamente carregado ou como um registo antigo. Depois disso, verificamos se este *DFTabmain DataFrame* está vazio ou não. Se a tabela principal *DFTabmain* estiver vazia, carregue os dados do *DataFrame DFnew* na tabela *Tabmain* utilizando o carregamento em massa.

Se *DFTabmain* não estiver vazio, então podemos determinar as alterações que ocorrem no conjunto de dados *Newdata*, comparando o registo recentemente inserido com o registo antigo. Para este efeito, começámos por concatenar o *DataFrame* do registo recentemente inserido, *DFnew*, com o *DataFrame* do registo antigo

---

Algorithm 1: Change Data Capture Algorithm

Result: Dataframe of new, updated and deleted records

1   DF_{new} ← Take New_{data} dataset as Input from Machine;
2   $DFTab_{main}$ ← Fetch Tab_{main} table from Database;
3   **if** $DFTab_{main}$ *is empty* **then**
4   Load DF_{new} in the Database ;
5   **else**
6   IN_{df} ← Concat (DF_{new}, $DFTab_{main}$, $DFTab_{main}$). drop_duplicate();
7   UP_{temp} ← Concat (DF_{new}, $DFTab_{main}$, $DFTab_{main}$).drop_duplicate (subset=key);
8   UP_{df} ← Concat (IN_{df}, UP_{temp}).drop_duplicate();
9   DEL_{df} ← Concat (DF_{new}, DF_{new}, $DFTab_{main}$).drop_duplicate (subset=key);
10   **end**

---

e concatenámos novamente esta *DataFrame* resultante com a *DataFrame* do registo antigo, *DFTabmain*. Em seguida, removemos as linhas duplicadas do *DataFrame* resultante e obtivemos o *DataFrame INdf* dos novos elementos que estavam presentes no novo registo.

Posteriormente, para obter os valores actualizados da *DataFrame* de entrada, voltámos a concatenar a *DataFrame* do conjunto de dados inserido, *DFnew*, com a *DataFrame* do registo antigo, *DFTabmain*, e concatenámos novamente esta *DataFrame* resultante com a *DataFrame* do registo antigo, *DFTabmain*. Na etapa seguinte, realizámos novamente a operação de concatenação da *UPtemp* e da *DataFrame* do novo registo *DFnew* e, depois de eliminarmos os duplicados utilizando o método *drop_duplicate()*, obtivemos finalmente a *DataFrame* dos elementos actualizados *UPdf*.

Para tal, começámos por pegar no *DataFrame* do conjunto de dados inserido *DFnew* duas vezes e concatená-lo com o *DataFrame* dos registos antigos *DFTabman* e, em seguida, eliminámos os registos duplicados de acordo com os valores do atributo chave do *DataFrame* resultante utilizando o método *drop_duplicate()* e obtivemos o *DataFrame* dos elementos eliminados *DELdf*.

5.3.1 Algoritmo de processamento de dimensões

Para o Algoritmo 2, discutiremos aqui o processamento da dimensão para o carregamento de dados em tempo real utilizando o CDC. No primeiro passo do algoritmo de processamento de dimensões, fomos buscar atributos de dimensão da tabela principal Tab_{main} recentemente actualizada numa pandas *DataFrame* $DFDimnew$ da base de dados. Podemos considerá-lo como um registo recentemente atualizado ou um novo registo. No passo seguinte, fomos buscar uma tabela de dimensão previamente carregada ou uma tabela de dimensão que foi carregada com dados antigos $Tab1dim$ numa Pandas *DataFrame* $DFDimoid$ da base de dados.

Em seguida, para obter as alterações na tabela de dimensões, concatenar o DataFrame DFDimnew com o DFDimold. Depois de eliminar o duplicado, os dados alterados têm de ser carregados na tabela de dimensões *Tab1dim* da base de dados.

Algorithm 2: Dimension Processing Algorithm

    Result: Dimension Table

1   $DFDim_{new}$ ← Fetch dimension attributes from recently updated main table Tab_{main} from database;

2   $DFDim_{old}$ ← Fetch old dimension table $Tab1_{dim}$ from database;

3   DIM_{df} ← Concat ($DFDim_{new}$, $DFDim_{old}$, $DFDim_{old}$). drop_duplicate();

4   **Load** DIM_{df} *DataFrame* in old dimension table $Tab1_{dim}$ of the database;

5.3.2 Algoritmo de processamento de factos

Algorithm 3: Fact Processing Algorithm

    Result: Fact Table

1   $DFTab_{new}$ ← Fetch recently updated main table Tab_{main} from database;

2   $DFDim1_{new}$ ← Fetch recently updated dimension table $Tab1_{dim}$ from database;

3   $DFDim2_{new}$ ← Fetch another recently updated dimension table $Tab2_{dim}$ from database;

4   $DFFact_{old}$ ← Fetch Fact table Tab_{fact} with old data from database;

5   $Fact1_{df}$ ← Merge($DFTab_{new}$, $DFDim1_{new}$) using common attribute Com_attr1;

6   $Fact2_{df}$ ← Merge($Fact1_{df}$, $DFDim2_{new}$) using common attribute Com_attr2;

7   $Fact3_{df}$ ← Only select the Key attributes from $Fact2_{df}$;

8   $Fact_{df}$ ← Concat ($Fact3_{df}$, $DFFact_{old}$, $DFFact_{old}$).drop_duplicate();

9   **Load** $Fact_{df}$ dataframe in old dimension table of the database;

Para o Algoritmo 3, a parte de processamento de factos do algoritmo. Nos primeiros passos do algoritmo de processamento de factos, fomos buscar à base de dados a tabela principal $Tabmai$ recentemente actualizada numa pandas *DataFrame* $DFDimnew$. Podemos considerá-lo como um registo recentemente atualizado ou um novo registo. Nas duas etapas seguintes, buscamos duas tabelas de dimensão recentemente atualizadas $Tab1dim$ e $Tab2dim$ no Pandas *DataFrame* $DFDim1new$ e $DFDim2new$ do banco de dados. Depois, no passo seguinte, fomos buscar uma tabela de factos $Tabfact$, que é uma tabela com registos antigos.

Agora, para determinar as alterações e actualizá-las na tabela de factos Tab_{fact}, primeiro fundimos $DFTab\sqcap ew$ e $DFDim1\sqcap ew$ relativamente a um atributo comum Com_attr1 no passo seguinte. O *DataFrame* resultante é $Fact1df$. Depois, no passo seguinte, fundimos a *DataFrame* $Fact1df$ e a *DataFrame* $DFDim2\sqcap ew$ relativamente a um atributo comum Com_attr2. Desta vez, a estrutura de dados resultante é $Fact2df$. Para fundir dois *DataFrame* usámos o método merge() do pandas dataframe. A partir do *DataFrame* $Fact2df$ só precisamos de selecionar os atributos-chave que podem fazer referência às tabelas de dimensão e criar outro *DataFrame* $Fact3df$. Depois, no passo seguinte, concatenámos a *DataFrame* $Fact3df$ e duas *DataFrame* $DFFactoid$ e eliminámos os duplicados da *DataFrame* resultante. Na última etapa, carregámos os dados de alteração na tabela de factos Tab_{fact}.

5.3.3   Cenário de exemplo

Para o nosso cenário de exemplo, foi concebido um pequeno DW para um sistema de gestão de uma livraria. As livrarias estão localizadas em várias cidades. Todos os registos de transacções em cada livraria são guardados diariamente neste Data warehouse. O Data warehouse contém uma única tabela de factos e três tabelas de dimensões. As tabelas de dimensão são utilizadas para armazenar informações sobre os pormenores dos livros, a hora da venda e a localização das livrarias. A figura 5.1 mostra o esquema em estrela construído com as correspondentes tabelas de factos e tabelas de dimensões.

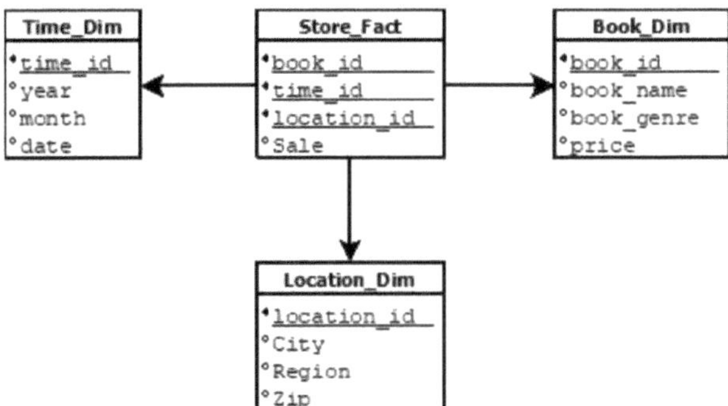

Figura 5.1: Desenho do esquema DW

A modelação dimensional é uma metodologia estabelecida e muito popular para a conceção de DW. Reflecte a conceção do esquema lógico de um determinado DW. As tabelas de factos contêm normalmente medidas de processos empresariais que são designadas por factos. As tabelas de dimensões armazenam descrições textuais das entidades empresariais. Os atributos da dimensão são utilizados para selecionar, agrupar e agregar factos de interesse nas consultas do DW. As dimensões podem frequentemente representar múltiplas relações hierárquicas numa única tabela. As tabelas de dimensões são geralmente altamente desnormalizadas.

5.3.4 Análise experimental

Aqui, são apresentados resultados experimentais para mostrar a vantagem do carregamento incremental em relação ao recarregamento completo. Para implementar e manter o DW, os dados de entrada são retirados de uma tabela da base de dados e de um ficheiro CSV externo. Um conjunto de dados de 60000 tuplas foi primeiro inserido numa tabela da base de dados. Em seguida, são criados seis conjuntos de dados com 1, 5, 10, 20, 25, 30, 40, 45 por cento de dados alterados e inseridos em passos diferentes. Em cada passo, é necessário inserir, eliminar e atualizar o mesmo número de tuplos. O recarregamento completo e o carregamento incremental diferem no sentido em que o primeiro efectua uma operação *de pesquisa* para decidir se os tuplos devem ser inseridos, actualizados ou mantidos inalterados. Mas o segundo calcula dois conjuntos de dados separados. As eliminações não são propagadas, porque os dados históricos são armazenados no Data Warehouse.

O **requisito de hardware e software** para a execução dos testes foi um PC com processador Intel (R) Core (TM) i5-4200U (2,3 GHz), memória principal DDR2 de 4 gigabytes em um disco rígido de 1 terabyte, padrão SATA, taxa de transferência de 3,0 Gbit/s e 5.400 rpm (rotações por minuto). O equipamento possuía o software de sistema Microsoft Windows 8.1, o compilador Anaconda Python 3.6 e o SGBD PostgreSQL 10.4.

5.3.5 Discussão de resultados

Os testes foram efectuados em duas fases. Na primeira fase, mede-se o tempo de cálculo dos dados de modificação para um recarregamento completo. Foi utilizada uma base de dados fictícia com uma única tabela. Esta tabela contém 6000 tuplos. Como já foi referido, são dados seis conjuntos de dados como entrada para a medição do tempo de cálculo dos dados de alteração para o recarregamento do DW. Na segunda fase, é medido o tempo para calcular os dados de alteração para o carregamento incremental. Seguimos os mesmos passos que seguimos na primeira fase para medir o tempo de cálculo dos dados de alteração para atualização do DW. Um gráfico comparativo é fornecido na Figura 5.2 para carga total e carga incremental usando a técnica CDC. Como esperado, o tempo para o carregamento completo é consideravelmente mais lento do que o carregamento incremental, em que apenas as alterações são capturadas e carregadas no armazém de dados. No entanto, o carregamento incremental é claramente superior ao carregamento completo. Além disso, não há qualquer efeito no desempenho do método proposto quando a relação de origem está a mudar drasticamente.

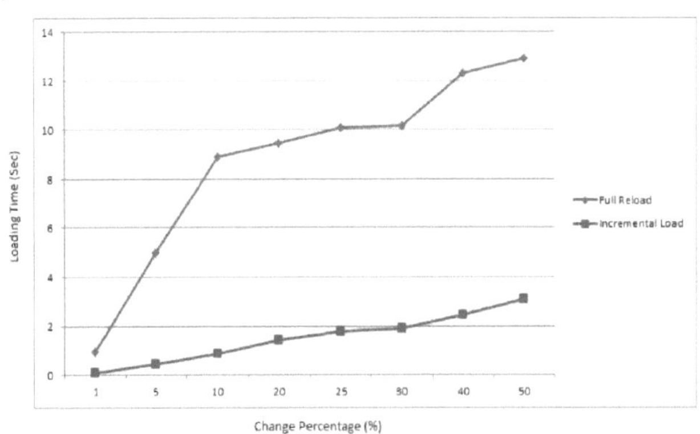

Figura 5.2: Comparação de tempo entre carga total e carga incremental

Este modelo proposto tem por objetivo reduzir o custo de processamento ao longo das fases ETL e minimizar a complexidade temporal em comparação com a técnica de carregamento completo. O desempenho do carregamento incremental revela-se bastante bom em comparação com o carregamento completo. Observa-se que o tempo de CPU cresce linearmente com o aumento do tamanho do conjunto de dados para ambos os casos. A partir da Figura 5.2, é claramente visível como o método incremental supera o recarregamento completo dos dados no Data warehouse. O resultado é esperado porque, quando se efectua o recarregamento completo, é necessário carregar toda a tabela que contém os dados alterados e os dados antigos no armazém de dados. No entanto, para o carregamento incremental, apenas os dados alterados estão a ser identificados e carregados para o Data warehouse. Por isso, o tamanho dos dados que precisam de ser carregados torna-se muito mais pequeno. Por este motivo, o carregamento incremental é muito eficiente para atualizar o DW quase em tempo real.

5.4 Resumo

Atualmente, a necessidade de tratamento contínuo e crescente de dados num ambiente mais complexo é um grande desafio no domínio da investigação. A exigência de um processo ETL normalizado tem um grande impacto comercial na indústria de BI. A maioria das organizações opta por adotar qualquer produto baseado em GUI de um fornecedor para a sua solução ETL. No entanto, em alguns casos, o ETL personalizado pode ser a melhor opção em termos de desempenho. Esta proposta escolheu a segunda opção para a solução ETL.

O principal objetivo do trabalho apresentado neste capítulo é conceber um modelo para uma ferramenta ETL baseada em código, através do qual podemos reduzir o fluxo de dados e a latência para obter um processamento ETL quase em tempo real no ambiente DW, no que diz respeito ao carregamento incremental, utilizando a técnica CDC. Esta abordagem pode reduzir visivelmente a latência do processamento ETL, reduzindo a quantidade de propagação de dados ao longo das fases de extração, transformação e carregamento do fluxo de trabalho ETL. Uma biblioteca de transformação rica alojada na plataforma Cloud será concebida como parte do desenvolvimento em curso, que procura criar uma estrutura ETL unificada baseada em código que suporte bases de dados relacionais e NoSQL. Além disso, é possível concentrar-se em operadores de transformação sofisticados, incluindo pivotagem, junções externas e agregação de dados. Ao mesmo tempo, é possível ter uma estratégia para utilizar melhor o espaço de preparação. Este pode permitir que as tarefas ETL armazenem dados que serão posteriormente utilizados como entrada suplementar na área de preparação. A utilização da área de preparação pode ajudar, até certo ponto, a eliminar as restrições do CDC. Utilizando a área de preparação, posso utilizar dados que foram parcialmente modificados. Isso pode antecipar melhorias de desempenho a partir de resultados intermediários duradouros.

Parte 2: Proposta de investigação: Tendências recentes

Capítulo 6: Automatização ETL

6.1 Aprendizagem automática na automatização ETL

O armazenamento alargado de dados exige um armazém de dados (DW) [31], cujo principal objetivo é a elaboração de relatórios analíticos no futuro. Para construir um DW, os dados são geralmente recolhidos de fontes de dados heterogéneas, limpos e reestruturados de acordo com a norma exigida e, finalmente, carregados no DW. Este processo é conhecido como ETL (Extract Transform Load) [85], que é um dos componentes mais importantes do DW. Observa-se que o processo DE ETL consome uma quantidade significativa de tempo, custo e complexidade de qualquer DW.

De um modo geral, as fontes de dados para o DW são os sistemas operacionais e os sistemas externos. Os sistemas operacionais de uma organização podem ser um sistema ERP (Enterprise Resource Planning), sistemas CRM (Customer Relationship Management) e sistemas OLTP (On-Line Transaction Processing). Qualquer organização não gere fontes externas. Podem ser serviços de dados abertos ou outros serviços. Além disso, algumas fontes de dados são não estruturadas ou semi-estruturadas, como páginas Web, correio eletrónico, documentos, folhas de cálculo, textos ou imagens.

Atualmente, a forma de aceder aos dados de uma organização está a mudar rapidamente. As empresas querem aceder a dados transaccionais em tempo real para tomar decisões imediatas. Muitas indústrias, como a bolsa de valores, o comércio eletrónico, as telecomunicações, o controlo do tráfego aéreo, etc., necessitam de um relatório correto baseado em dados recentes em DW para tomarem decisões operacionais rápidas. Este tipo de tomada de decisões não pode ser efectuado com base no relatório de estado de ontem. Além disso, o volume de dados para análise está a tornar-se muito elevado e o tempo de resposta está a diminuir. Por isso, a procura de uma ferramenta ETL superior e mais avançada está a aumentar. Por conseguinte, a janela de tempo pode ser encurtada para o carregamento no DW. Assim, o foco principal da inteligência empresarial (BI) reside no DW e no processo ETL para suportar o fluxo contínuo de dados [80, 63] e diminuir o tempo de inatividade.

O principal desafio técnico do DW em relação ao sistema de origem é identificar quaisquer alterações e propagá-las prontamente para o DW. Para o processo ETL quase em tempo real, podem ser consideradas algumas técnicas de extração bem conhecidas [2, 15]. São elas o Middleware de Integração de Aplicações Empresariais (EAI), a deteção de registos, os gatilhos, a marcação temporal, o diferencial de instantâneos [87, 65], etc. Todas as opções mencionadas acima têm as suas próprias vantagens e desvantagens. Neste capítulo, vamos explorar se existe alguma outra opção que possa rastrear as alterações e iniciar automaticamente o processo de carregamento de dados no DW.

A correção dos problemas de qualidade dos dados [4] é um processo contínuo. Os dados são preciosos quando são limpos e processados. Neste capítulo, vamos explorar a forma de utilizar o pré-processamento de dados baseado em aprendizagem automática (ML) [44] antes de os carregar para o DW. Neste capítulo, propomos e mostramos como um processo ETL automatizado pode ser feito para gerir a crescente quantidade e variedade de dados com uma melhor manutenção da qualidade. Neste trabalho, sugerimos como várias abordagens de aprendizagem automática podem ser aproveitadas nesta automatização.

6.2   Estudo de caso

Esta secção apresenta três estudos de caso: Marketing, Retalho e Serviços Financeiros. O principal objetivo é demonstrar a necessidade de modernizar o armazém de dados e o processo de ETL , automatizando os seus processos. Apresenta-se aqui uma breve discussão.

6.2.1   Domínio retalhista

Nesta era competitiva, todas as indústrias devem fornecer valor mais rapidamente para melhorar a experiência do utilizador e estar à frente dos concorrentes. A Amazon implementa código a cada 11,7 segundos num dia para produção[XXIV] . A Netflix implementa código pelo menos mil vezes por dia. Estas explorações são adoptadas numa cultura orientada para os dados. Assim, a implantação e o lançamento consistem em duas partes - lançamento de código de aplicação e lançamento de alterações na base de dados[XXV] . O processo de implantação de código de aplicação evoluiu significativamente com a adoção da cultura DevOps[XXVI] e a utilização de ferramentas e tecnologias avançadas. Assim, podem encurtar o ciclo de lançamento de aplicações e lançar mais aplicações em menos tempo. No entanto, o processo de alteração da base de dados permanece estático. O atual processo de lançamento da base de dados atrasa o lançamento global das aplicações, criando um estrangulamento no processo. No processo atual mostrado na Figura 6.1, enfrentam-se desafios para acompanhar as alterações da base de dados e sincronizar as bases de dados. O esquema da base de dados tende a não corresponder em diferentes ambientes, o que pode causar a perda de alguns dados críticos. É necessária uma intervenção manual para efetuar alterações ao esquema. As alterações do esquema não se reflectem automaticamente no DW. Em geral, é necessário mais tempo para efetuar uma alteração na produção que satisfaça uma necessidade crucial, o que gera oportunidades para os concorrentes.

[XXIV] https://blog.newrelic.com/technology/data-culture-survey-results-faster-implantação/
[XXV] https://www.datical.com/database-automation/what-is-database-libertação-automatização/
[XXVI] https://docs.microsoft.com/en-us/azure/devops/learn/what- is-devops

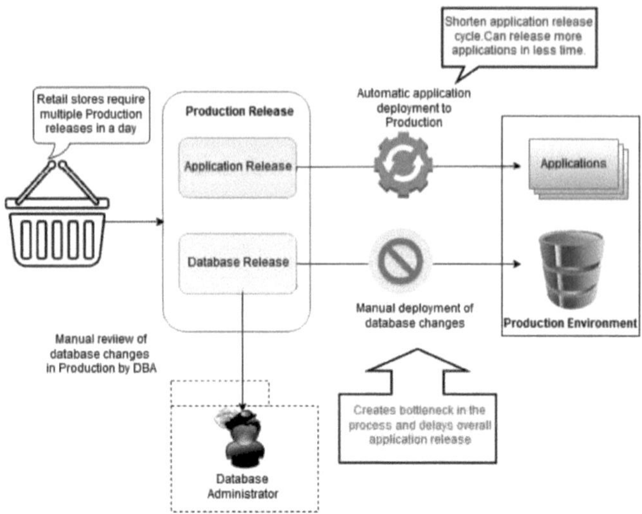

Figura 6.1: Desafios no domínio do retalho

6.2.2   Domínio do marketing

Considere-se uma empresa de marketing afiliada de retalho sediada nas Filipinas com uma grande base de dados de clientes. A empresa pretende fazer um marketing mais direcionado por correio eletrónico, identificar os produtos que deve vender, reduzir a sua taxa de rotatividade e obter a satisfação geral dos clientes através da implementação de DW e BI[XXVII] . Esta empresa lida com uma quantidade extremamente grande de dados. Das suas mais de 500 lojas, é necessário processar anualmente 200 milhões de registos de transacções. A execução de um DW para esta empresa requer múltiplas operações (cerca de 15-20) realizadas na sequência correta, em momentos e condições precisas. Além disso, é necessária a coordenação entre várias equipas, incluindo as equipas de aplicações, bases de dados e operações. No sistema atual apresentado na Figura 6.2, todas estas operações não são automatizadas, sendo necessária a intervenção manual, o que aumenta o risco de erros induzidos pelo homem. Agora o desafio é como automatizar estes processos para garantir que todos os processos são executados com sucesso. Nesta exploração, os dados provêm de diferentes sistemas operativos e em múltiplos formatos. Os processos ETL efectuam o pré-processamento e a transformação básicos antes de serem carregados no DW. No entanto, a qualidade dos dados não está à altura das expectativas. Os dados em falta ou não exactos estão também a causar sérias implicações em muitos casos[XXVIII] . Há alguns cenários em que a má qualidade dos dados perturba a tomada de decisões importantes. Por conseguinte, a qualidade dos dados é uma área de preocupação que tem de ser abordada.

[XXVII] http://hosteddocs.ittoolbox.com/aa_data_warehouse_wp_us.pdf
[XXVIII]

https://www.theseus.fi/bitstream/handle/10024/146311/Aunola_Jere.pdf?sequence=2&isAllowed=y

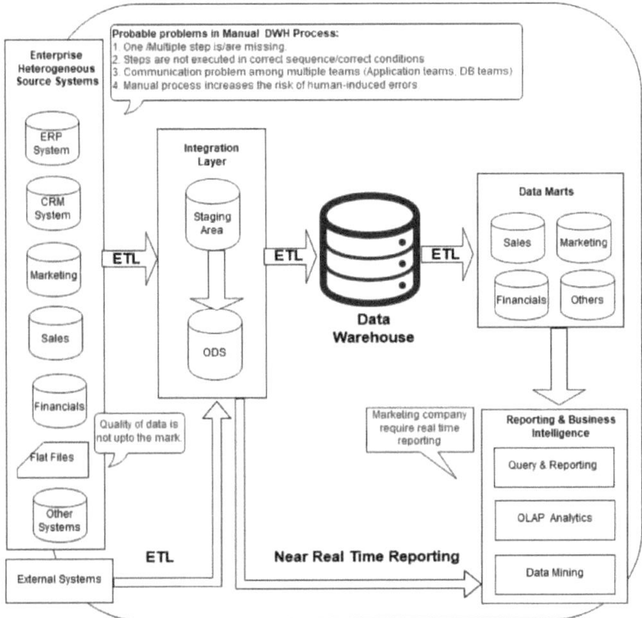

Figura 6.2: Desafios no domínio do marketing

6.2.3 Domínio dos serviços financeiros

O sucesso de uma empresa financeira depende em grande medida da conquista de novos clientes e da prestação de conselhos de investimento exactos. Acima de tudo, a análise do mercado e as estratégias de vendas devem ser fiáveis e responder diariamente. Assim, o departamento de TI desempenha um papel importante numa instituição financeira para apoiar eficazmente as necessidades da empresa. Uma das principais empresas de consultoria de investimento [28] criou um sistema de Data Warehouse. No ecossistema DW, utilizou a Informatica como ferramenta ETL e o Congo's BI como ferramenta de elaboração de relatórios. Esta empresa está a ter dificuldades em gerir o aumento da procura de informação e em integrá-la nos processos de BI, como mostra a Figura 6.3. A análise em tempo real desempenha um papel importante na prestação de aconselhamento sobre investimentos ou na tomada de qualquer decisão estratégica. Se a empresa conseguir reagir rápida e eficazmente às novas tendências do mercado, terá a vantagem de ser competitiva. Por isso, esta quinta pretende resolver os pontos problemáticos entre o armazém de dados e os relatórios do Cognos BI para aumentar a eficiência das consultas e permitir uma análise mais atempada.

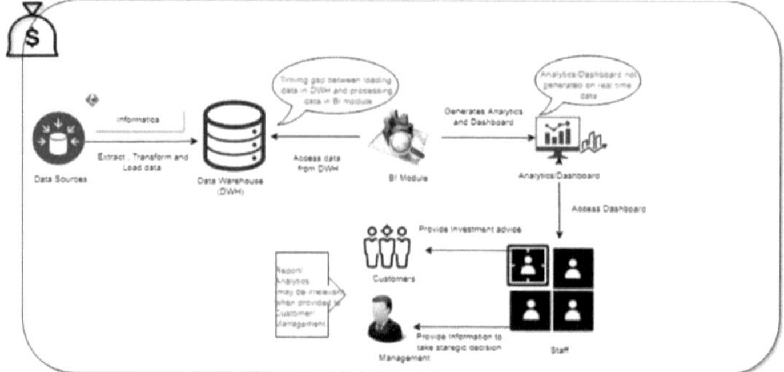

Figura 6.3: Desafios no domínio dos serviços financeiros

6.3 Solução proposta

No caso do estudo de caso explicado na secção 6.2.1, a ferramenta Database Version Control [24] é utilizada para acompanhar as alterações da base de dados. Além disso, outra ferramenta (Liquibase)[XXIX] pode identificar as alterações do esquema da base de dados. Esta ferramenta está integrada na componente Database Release Automation, que automatiza o processo de lançamento das alterações à base de dados. A empresa pode facilmente suportar múltiplas implementações semanais utilizando o componente Database Release Automation.

No caso do estudo de caso explicado na secção 6.2.2, o processo ETL automatizado garante que todos os processos do processo ETL são executados na sequência correta e da forma correta. O pré-processador de dados baseado na aprendizagem automática é utilizado para pré-processar os dados de forma mais rigorosa. Reduz significativamente o tempo de processamento e produz uma boa qualidade de dados a partir do armazém de dados.

Do mesmo modo, no caso do estudo de caso explicado na secção 6.2.3, o processo ETL automatizado ajuda a reduzir o atraso que ocorre entre o armazém de dados e a ferramenta de elaboração de relatórios de BI. Assim que as alterações à base de dados são introduzidas no controlo da versão da base de dados, o processo automatizado de integração de dados é iniciado e as alterações nos dados são reflectidas no armazém de dados. A ferramenta de BI pode gerar um relatório baseado em dados em tempo real, que são armazenados num armazém de dados.

A Figura 6.4 mostra uma solução proposta para resolver os problemas acima mencionados na secção do estudo de caso.

[XXIX] https://www.liquibase.org/

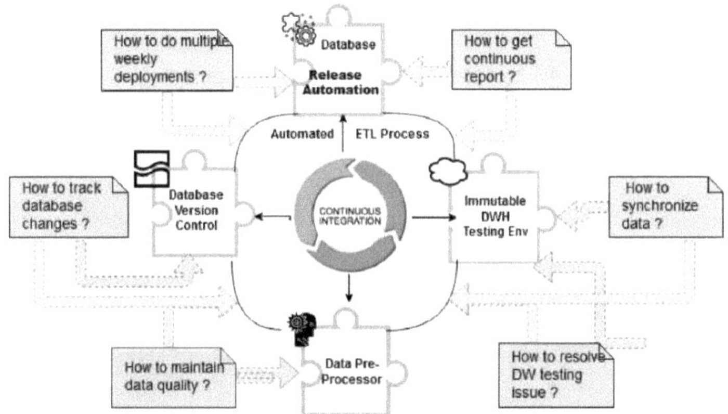

Figura 6.4: Solução proposta

Foi concebida uma arquitetura para responder ao desafio que se coloca na aplicação prática do processamento ETL quase em tempo real. A figura 6.5 mostra a conceção geral da arquitetura do sistema ETL automatizado. As etapas de integração de dados propostas são discutidas na subsecção seguinte.

6.3.1 Integração automatizada de dados

O principal objetivo deste trabalho é a automatização global do processo de integração de dados. Para o efeito, é utilizada uma plataforma de Integração Contínua (CI)[xxx] para automatizar o processo ETL. A ferramenta de integração de dados Informatica integra-se com o Jenkins[8] para criar, testar e lançar alterações à base de dados de forma mais rápida e frequente. O Jenkins é uma ferramenta de CI de código aberto que orquestra os processos ETL com automatização. O pipeline do Jenkins está configurado para executar scripts automatizados para realizar sequencialmente os seguintes passos do processo ETL.

[xxx] https://kb.informatica.com/whitepapers/4/Documents 8https://jenkins.io/

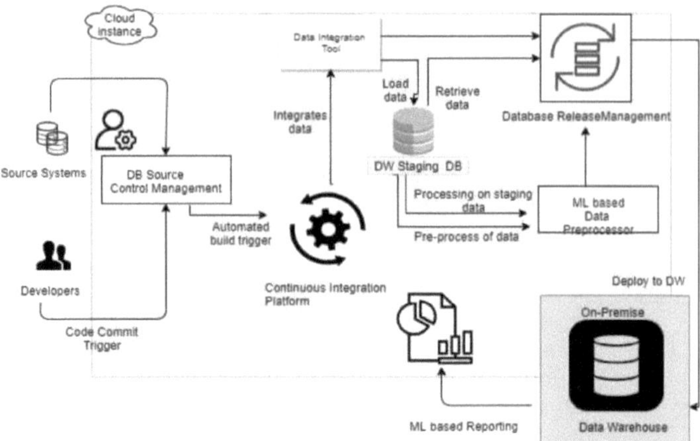

Figura 6.5: Arquitetura proposta para o processo ETL automatizado

- **Ativar tarefas de construção:** As alterações à base de dados são capturadas e seguidas pelo controlo da versão da base de dados. Na solução proposta, o Liquibase da Dactical é considerado como controlo de origem para bases de dados. O Liquibase controla as alterações da base de dados, incluindo as alterações do esquema. É criado um novo ficheiro de registo de alterações em formato XML/YmL/JSON/SQL onde é adicionado o conjunto de alterações. O ficheiro de registo de alterações é confirmado no controlo da fonte após a execução da atualização do Liquibase. O hook do Jenkins detecta esta alteração e desencadeia o processo de construção.

- **Carga de dados na tabela de classificação:** Um motor de regras personalizado seria utilizado para classificar os dados como estruturados ou não estruturados utilizando algoritmos de classificação ML. Com base no tipo, os dados seriam carregados na base de dados de preparação.

- **Pré-processamento de dados:** O pré-processador personalizado baseado em ML processa os dados armazenados na base de dados de teste para melhorar a qualidade dos dados.

- **Construção de código:** Em vez de efetuar uma compilação completa da base de dados, é criada uma base de dados incremental utilizando o Liquibase.

- **Revisão e análise automatizadas de código:** O código recém-construído é analisado programaticamente para identificar violações de normas de codificação e outros problemas como duplicação de código, etc. O addon de Monitorização proactiva da Informatica revê o código de forma automatizada. O motor de processamento de eventos complexos responde a eventos e efectua uma análise de código estático.

- **Geração automatizada de casos de teste e testes unitários:** Os casos de teste de validação **de dados** são gerados utilizando o addon Powercenter Data Validation Option (DVO) do Informatica 9. Os testes unitários são executados de forma automatizada através da execução de casos de teste pré-construídos.

- **Guardar pacote:** Após o teste unitário bem-sucedido, o pacote é armazenado em um repositório binário. O JFrog Artifactory pode ser usado como um repositório binário. O pacote binário também pode ser armazenado no repositório in-build da Informatica.

- **Implantação automatizada para pré-produção:** O ambiente de teste é uma infraestrutura imutável hospedada na nuvem, que será criada sob demanda para a execução de testes. Após a conclusão dos testes, o ambiente de pré-produção será excluído. Os dados no ambiente de pré-produção também são gerados a pedido. O pacote executável é recuperado do Artifactory pelos scripts python e implantado no ambiente de teste.

- **Testes de integração automatizados:** Existem diferentes ferramentas disponíveis no mercado para efetuar testes ETL. A ferramenta Informatica Data validation (DVO) é utilizada para os testes de integração. Os casos de teste são gerados automaticamente pela DVO. Outras ferramentas, como o QuerySurge, também podem ser utilizadas para testar o DWH.

- **Implementação automatizada na produção:** Após testes de integração bem sucedidos, os pacotes de dados são implementados na produção. A implantação em produção ocorre da mesma forma que a implantação no ambiente de pré-produção.

- **Relatórios em tempo real:** Os relatórios em tempo real são gerados a partir do DW utilizando um módulo de relatórios personalizado baseado na aprendizagem automática.

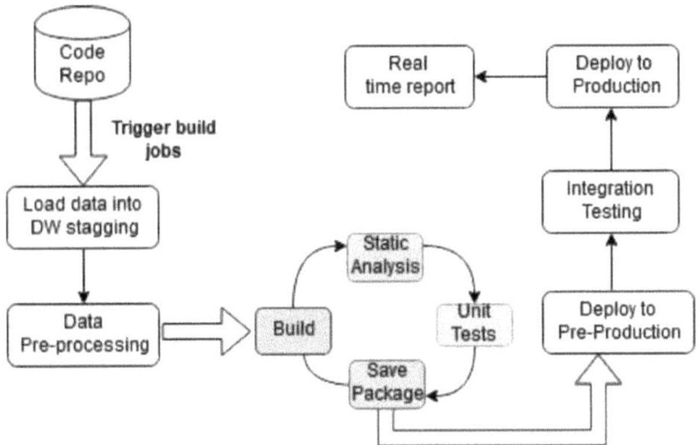

Figura 6.6: Conduta do processo

6.3.2 Detalhes dos principais componentes

Controlo da versão da base de dados

No mundo atual, os dados são parte integrante de qualquer aplicação, uma vez que o volume de dados estruturados e não estruturados está a aumentar diariamente. Os sistemas de bases de dados tradicionais não vão conseguir lidar com isso [24]. No entanto, existem no mercado algumas ferramentas para gerir bases de dados, como a Liquibase e a Flyway. O Liquibase é um dos principais actores neste domínio. Por isso, neste documento, vamos considerar a ferramenta de gestão de bases de dados de código aberto Liquibase. No futuro, podemos explorar outras ferramentas relacionadas, como o flyway, ou podemos pensar em criar uma estrutura personalizada para gerir as alterações da base de dados. Nathan Voxland desenvolveu o Liquibase em 2006 para facilitar o processo de alteração da base de dados. Sua biblioteca independente de banco de dados rastreia e gerencia eficientemente qualquer mudança no esquema do banco de dados. Os scripts do Liquibase suportam a atualização do esquema de qualquer RDBMS.

Motor de regras personalizado

Os dados provêm de diferentes fontes e em diferentes formatos. Um motor de regras personalizado baseado na aprendizagem automática pode ser utilizado para especificar a classe a que pertencem os dados (estruturados ou não estruturados). Com base na classe [43, 1] dos dados, podem ser utilizadas regras adequadas para carregar ou transformar os dados. Foram estudados os seguintes algoritmos de classificação, que podem ser utilizados para construir o modelo de aprendizagem automática para os motores de regras personalizados.

Pré-processador de dados

O pré-processamento dos dados é uma etapa crucial no que respeita à qualidade dos dados. O sucesso do modelo de aprendizagem automática [72] depende em grande medida da qualidade dos dados. Esta fase seleciona os dados alvo, prepara-os simplificando-os através de vários processos de filtragem e transformação e disponibiliza-os para a aplicação de aprendizagem automática.

Automatização do lançamento de bases de dados

Uma implementação mais rápida do código da base de dados é uma exigência prática para qualquer empresa atualmente. A automatização do lançamento da base de dados[XXXI] aumenta a segurança dos dados. Garante um melhor código de base de dados, eliminando erros que podem causar problemas de desempenho da aplicação ou tempo de inatividade. Os erros comuns que tornam as bases de dados mais vulneráveis a violações e roubo de dados são eliminados.

6.4 Resumo

As vantagens da automatização ETL incluem o aumento da produtividade, precisão e capacidade de dependência, bem como o aumento da satisfação do cliente e processos escaláveis. A

[XXXI] https://www.datical.com/database-automation/what-is-database-release-automation/

importância da automatização torna-se mais evidente à medida que as empresas se desenvolvem e os consumidores pretendem um processamento mais rápido de bens e serviços. Consequentemente, a automatização de processos pode ajudar a sua organização a crescer e, ao mesmo tempo, garantir a sua continuidade. No entanto, há falhas significativas nesta proposta. A integração de dados em tempo quase real ou a pedido não é normalmente tão excelente com esta abordagem de processamento ETL. O seu desempenho é admirável quando se trabalha em modo batch.

Neste capítulo, concentrámo-nos na automatização do processo ETL para que, com um mínimo ou nenhuma intervenção manual, os dados possam ser carregados no DW e os trabalhos de análise possam ser efectuados com base em dados em tempo real. A abordagem proposta permite automatizar o processamento de dados, incluindo a automatização do lançamento de bases de dados. A prova de conceito foi realizada com a ferramenta Liquibase, que é utilizada como controlo da fonte da base de dados para gerir as alterações da base de dados. Foi também efectuado um estudo sobre o processo de automatização baseado na aprendizagem automática. Foram identificadas algumas áreas, incluindo o pré-processador de dados, o motor de regras personalizado e a elaboração de relatórios, em que a aprendizagem automática pode ser utilizada. Como próximo passo, serão efectuados trabalhos para implementar as outras partes da abordagem proposta. O estudo prosseguirá com abordagens de aprendizagem automática e com a identificação de outras áreas do processo automatizado onde os algoritmos de aprendizagem automática podem ser incorporados para automatizar totalmente o processo ETL.

Capítulo 7: ETL na nuvem

7.1 Integração do ETL na nuvem

A computação em nuvem é a palavra de ordem mais popular, com a convicção de que dará uma nova direção ao sector das TI. A nuvem oferece escalabilidade e flexibilidade, o que pode ser altamente benéfico para as aplicações de integração de dados. A movimentação mais rápida dos dados com custos reduzidos e capacidade de expansão é o principal objetivo da integração do processo ETL com o ambiente de nuvem.

De acordo com a IDC worldwide tracker[XXXII] , o investimento anual do sector das TI na implantação da nuvem está representado na Figura 7.1. É visível que, nos dias de hoje, a maioria das empresas está a optar parcial ou totalmente por soluções de TI baseadas na nuvem. Além disso, esta tendência está a aumentar rapidamente. Pode ser benéfico respeitar os custos e o tempo em comparação com a implantação do ETL tradicional em modo de lote no local. O potencial de processamento rápido de um volume crescente de dados do tipo semi/desestruturado é o principal ponto positivo de uma solução ETL baseada na nuvem [69].

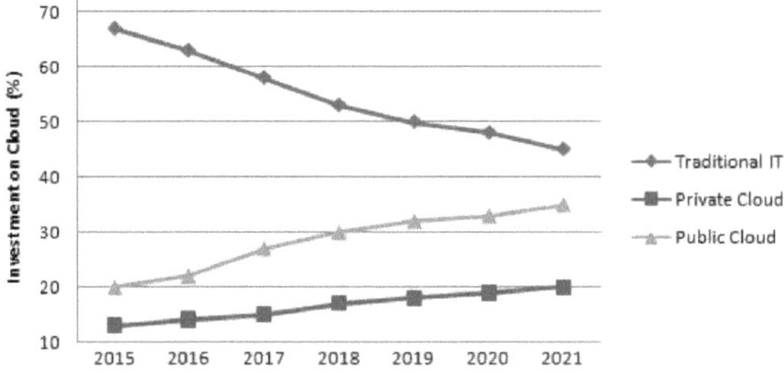

Figura 7.1: Previsão de mercado da IDC para a infraestrutura de TI na nuvem

O Data warehouse (DW) tradicional é utilizado para armazenar dados estáticos. No DW, a análise estratégica é efectuada em dados empresariais que são integrados a partir de fontes de dados heterogéneas. Os dados são capturados, agregados, limpos e analisados para se obterem melhores decisões. O conjunto global de processos de preparação de dados para análise futura é designado por ETL [85, 31]. Organizar e armazenar dados num único local parece ser muito simples, mas, na realidade, é um processo muito complexo para estabelecer um processo ETL eficiente [21]. No ETL tradicional de processamento em lote, a atualização do DW é realizada em modo offline diariamente, semanalmente ou mensalmente.

No ambiente informático atual, os grandes dados [68] colocados em diferentes locais, com formatos e tamanhos de ficheiros diversos, têm de ser processados quase em tempo real [33, 11]. Isto representa um grande desafio para a tarefa de integração de dados. No passado, os dados podiam

---

[XXXII]https://www.idc.com/home.jsp

ser geridos através da simples junção de alguns scripts manuais e adaptadores para gerir conjuntos de dados de diferentes aplicações dentro de qualquer organização. Mas agora, a fonte de dados pode estar dentro ou mesmo fora do local, tendo a exigência de gerir, processar, sincronizar e armazenar em tempo real [87].

Os sistemas ETL tradicionais não conseguem satisfazer todos estes requisitos. Os serviços em nuvem podem resolver a maioria dos problemas anteriores, não só para armazenar ou obter dados, mas também para gerir tarefas de integração complexas.

7.2 Requisitos actuais de ETL

Q Quais são as caraterísticas mais procuradas pelos fornecedores de ETL atualmente? Eis uma lista de caraterísticas identificadas que as organizações atualmente mais exigem. Estas são algumas caraterísticas gerais que devem estar presentes em qualquer ferramenta ETL.

- O potencial para comunicar e recolher dados de todos os tipos de fontes, bases de dados (RDBMS, NoSQL), ficheiros simples, tecnologias de Big Data (Hadoop, Spark), dados gerados por sensores, API, etc.

- Mapeamento de dados de origem para destino através de um sistema GUI que permite arrastar e largar.

- Funcionalidades de mapeamento e sincronização de dados activadas por GUI para manter dados consistentes em ambos os lados com a função de orquestração de fluxo de trabalho activada.

- Capacidades de apoio à criação de sistemas baseados em equipas para colaboração no trabalho com caraterísticas de gestão de aluguer e controlo de versões.

- Algumas capacidades básicas de transformação, limpeza de dados e monitorização da qualidade dos dados, bem como capacidades integradas de definição de perfis de dados.

- Funcionalidades de gestão de metadados incorporadas e documentação para diferentes regras de trans- formação e de negócio.

- Programação eficiente de tarefas e controlo do tratamento de erros, alertas e registo.

- Capacidade integrada de definição de perfis de dados que permite inspecionar os dados de origem antes do início do processo ETL.

- A caraterística mais procurada é a integração de dados tanto no local como na nuvem. Na próxima secção, discutiremos brevemente as caraterísticas das ferramentas ETL activadas na nuvem.

7.2.1 Benefícios da ETL na nuvem

Para estabelecer a infraestrutura de nuvem de uma organização, há uma variedade de opções disponíveis atualmente. Uma nuvem pública, uma nuvem privada ou uma nuvem híbrida também podem ser uma escolha de acordo com as suas necessidades. Para serviços de implementação de inter-relação de dados baseados na nuvem, a opção normalmente utilizada é o Software como Serviço (SaaS) ou a Infraestrutura

como Serviço (IaaS). Mas quando se trata de bases de dados, desenvolvimento de ferramentas e middle-ware, a escolha recai, na maioria dos casos, sobre a Plataforma como Serviço (PaaS)[XXXIII]
.

A Figura 7.2 representa a visão arquitetónica básica da organização dos recursos de serviços de TI [77] na nuvem. Ela dá a visão da gestão dos serviços relacionados com as TI entre os consumidores e os fornecedores. Esta arquitetura assegura a qualidade do serviço (QoS) em termos de serviços em nuvem. A QoS inclui o desempenho, o rendimento, a acessibilidade e a utilização adequada do serviço sem preocupação com pormenores técnicos específicos de qualquer ferramenta. A arquitetura é constituída por três camadas. A camada inferior recolhe informações dos recursos de serviços em nuvem (CSR). A camada intermédia gere a QoS juntamente com as informações da camada inferior. A camada superior consiste em tarefas de monitorização dos serviços de TI para os RSE. Alguns benefícios da adoção DA ETL na nuvem são enumerados a seguir.

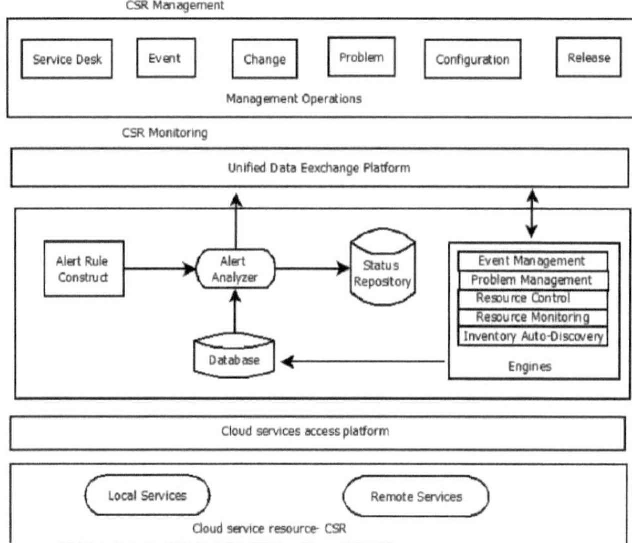

Figura 7.2: Arquitetura para gerir recursos de serviços em nuvem

Baixo custo O estabelecimento e a manutenção do Data warehouse e do ETL no local são bastante dispendiosos e demorados. Por outro lado, na nuvem, só é preciso pagar pelo que se usa. O custo total da sobrecarga de recursos para um sistema ETL é minimizado na nuvem. Também minimiza o custo de manutenção e de serviços de terceiros.

Escalabilidade A implementação de um sistema ETL na Nuvem oferece mais escalabilidade do que o funcionamento num local. O acesso alargado à rede e o agrupamento de recursos a pedido são

---

XXXIII http://www.oracle.com/us/products/middleware/data-integration/ioug-di-for-cloud-survey-2596248.pdf

os factores-chave para obter um melhor desempenho.

MapReduce Esta tecnologia surgiu como uma tecnologia fundamental para o processamento paralelo de dados maciços.

Elasticidade Provar a capacidade de recursos a pedido é um dos pontos mais populares entre as vantagens da nuvem. Esta capacidade é útil para empresas que têm exigências frequentes de alterações de recursos. Quando a procura é elevada, a nuvem fornecerá uma quantidade adequada de recursos. Por outro lado, quando a procura é baixa, o fornecimento de recursos pode diminuir. Trata-se de um fornecimento muito mais económico.

Taxa de processamento A escolha de uma ferramenta ETL na nuvem pode oferecer uma capacidade ilimitada de processamento de dados. Os ambientes de nuvem podem suportar numerosos fluxos de dados com várias velocidades. A nuvem pode tirar partido de vários servidores para equilibrar a carga de dados a uma maior velocidade de processamento.

Armazenamento É fornecida uma capacidade de armazenamento alargada para a solução baseada na nuvem. O modelo "pay- as-you-go" é também uma opção económica. O sistema de armazenamento de dados na nuvem promove a flexibilidade e a agilidade. Os engenheiros de dados podem alterar o tamanho do cluster, a RAM e a CPU de acordo com os requisitos do projeto. Qualquer novo projeto pode ser implementado rapidamente sem perturbar a arquitetura ou o orçamento da empresa.

Flexibilidade O sistema ETL baseado na nuvem não depende de recursos locais. Oferece mais flexibilidade aos seus consumidores, permitindo o acesso ao melhor equipamento em qualquer altura e a partir de qualquer lugar.

Recuperação de dados Uma vez que os dados são mantidos em locais distribuídos, o ambiente de computação em nuvem proporciona uma forte capacidade de recuperação de dados. Isto torna A ETL em nuvem muito mais fiável em comparação com os sistemas tradicionais.

7.2.2 Desafios do ETL na nuvem

A integração da tecnologia de nuvem traz muitos benefícios, bem como alguns desafios adicionais. Implementar o mecanismo para o movimento unidirecional de dados entre armazéns de dados e aplicações organizacionais sem considerar a sua localização é uma tarefa difícil [19]. Segue-se uma lista de desafios nas soluções DE ETL baseadas na nuvem. A transferência da ETL para a nuvem oferece ao sistema anfitrião a possibilidade de implantar o processo geral a um custo decrescente, mas com maior desempenho. A integração de dados heterogéneos num formato homogéneo para análise num determinado momento é uma tarefa difícil. Outra preocupação é o facto de qualquer plataforma de BI dever interagir com estes dados, que podem novamente residir no local ou na nuvem.

Segurança Mas quando a nuvem está a chegar ao cenário, um dos principais desafios é a segurança. É uma questão importante sobre como deve ser estabelecida a relação entre a ferramenta ETL e o DW. Os dados devem ser mantidos na nuvem ou no local? Pode haver um grande risco de confidencialidade dos dados.

Recuperação de dados Como os dados são armazenados na nuvem, pode haver a possibilidade de violação dos dados. A dependência de terceiros pode ser a razão para a demora e as formalidades na recuperação de dados.

Transferência de dados Transferir grandes quantidades de dados para a nuvem num determinado período de tempo pode ser um problema significativo. Porque depende da capacidade da rede. Se o armazenamento e a fonte de dados do servidor forem mantidos num local diferente por motivos de segurança. Pode haver latência no acesso aos dados, o que afectará o desempenho do processamento dos dados.

Interoperabilidade Cada fornecedor de serviços na nuvem tem a sua própria forma de gerir clientes e serviços no seu sistema. Isto leva a uma dificuldade em selecionar qualquer fornecedor que esteja atualmente em condições de otimizar tarefas a diferentes níveis para qualquer organização. Muitas vezes, torna-se muito complexo migrar/conectar sistemas existentes com a API da nuvem.

Seleção do fornecedor Por vezes, torna-se confuso selecionar um determinado fornecedor, uma vez que todos os fornecedores de ETL na nuvem oferecem algumas caraterísticas especiais. É necessário listar todas as facilidades oferecidas por diferentes fornecedores. Todas as caraterísticas precisam de ser verificadas e escolhidas, o que é adequado para qualquer organização.

7.3 Migrar a carga de trabalho ETL na nuvem

A migração da atividade ETL pode ser de dois tipos - i) lift and shift e ii) re-architect. O primeiro tipo consiste em deslocar o trabalho global para a nuvem sem alterar nada. Este estilo de migração permite tirar partido da elasticidade das caraterísticas da nuvem. O segundo tipo de re-arquitetura significa conceber todo o cenário de trabalho novamente para aproveitar várias facilidades da nuvem, como o registo de serviços, o CloudIVS, etc. Os factores que temos de considerar ao migrar cargas de trabalho ETL para a nuvem são

1. **Seleção do fornecedor** Para garantir uma base multi-nuvem, deve ser adoptada uma abordagem agnóstica do fornecedor ao selecionar qualquer fornecedor.

2. **Abordagem de migração de dados** A ferramenta de migração de dados deve seguir uma abordagem de carregamento de dados incremental que permita o mapeamento eficiente dos dados do sistema local para os dados de armazenamento na nuvem.

3. **Abordagem de migração de aplicações** Para rearquitectar o processo ETL existente para a migração para a nuvem, é necessário prestar mais atenção a algumas questões. São elas a prototipagem rápida, a capacidade de teste, a capacidade de processamento e a capacidade a montante e a jusante.

4. **Gestão da carga de trabalho** Ao transferir a carga de trabalho ETL para a nuvem, verifique as questões de segurança, o processo de monitorização geral e os detalhes do acordo de nível de serviço (SLA), bem como a gestão do ciclo de vida principal.

5. **Abordagem de conceção estruturada** É necessário seguir uma abordagem estruturada para importar e gerir a estrutura para a nuvem. Os pontos precisam de garantir a portabilidade da nossa infraestrutura, a conceção adequada da estrutura e a

implementação de uma lógica comercial adequada.

7.4 Solução proposta: Estrutura ETL de fluxo contínuo

Estudando as necessidades tecnológicas actuais, propomos um novo quadro. A solução é incapaz de processar, consultar e analisar Big Data. Atualmente, é gerado um grande volume de dados por novas fontes e por sistemas existentes que precisam de ser processados e analisados com o objetivo de descobrir muitos insights. Entre as caraterísticas do Big Data (Volume, Variedade, Veracidade, Valor, Velocidade), estamos a considerar o enorme volume de dados que não pode ser gerido por qualquer sistema tradicional de integração de dados. Esta solução também integrará uma nova e ampla variedade de dados, como dados de texto, dados gráficos, etc., juntamente com tipos de dados de origem em lote ou em fluxo contínuo em tempo real. Além disso, é adequada para processar a carga de trabalho global no ambiente de nuvem. A Figura 7.3 apresenta o formato básico do quadro ETL proposto.

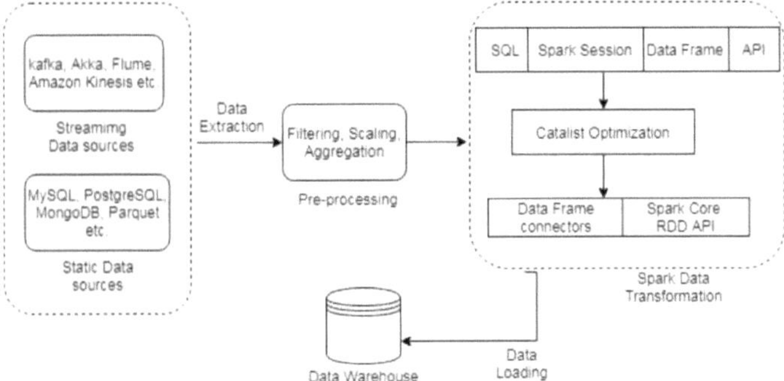

Figura 7.3: Estrutura ETL de fluxo contínuo baseada em Spark

Na solução que propomos, vamos implementar um pipeline ETL robusto utilizando o Apache Spark. O Apache Spark tem suporte de API que pode converter vários formatos de dados em quadros de dados unificados e também em SQL, que podem ser utilizados para fins de análise futura. O Spark é

uma estrutura de computação em cluster de código aberto com uma interface de programação simples para lidar com o paralelismo de dados, bem como com o processamento e a consulta de grandes volumes de dados. Pode processar dados em tempo real 100 vezes mais depressa do que o seu forte concorrente MapReduce ou outras abordagens tradicionais de processamento de dados. Escrever soluções de programas Spark é muito fácil e pode ser feito em Python, R e Scala.

Extração de dados em fluxo contínuo: Muitos repositórios de Big Data podem ser integrados utilizando o Spark. As fontes de dados com diferentes formatos serão extraídas e convertidas em quadros de dados.
O Spark é capaz de lidar com dados de fluxo contínuo, bem como com dados estáticos. Os pipelines de dados em tempo real extraem dados de fontes como uma cadeia de eventos de fluxo contínuo. Os recursos de Fluxo estruturado fornecem uma maneira simples de converter esses trabalhos em lote

tradicionais em um pipeline de dados em tempo real. Nesta fase, algumas tarefas básicas de pré-processamento podem ser efectuadas nestas fases.

Transformação em tempo real: A fase seguinte executa basicamente a tarefa de transformação de dados. Podem ser definidas algumas funções de transformação personalizadas e reutilizáveis, que recebem as estruturas de dados como argumentos e as devolvem para transformar o ficheiro extraído.

Carregamento contínuo de dados Na fase de carregamento, os escritores de quadros de dados do Spark podem ser utilizados para definir as funções de escrita dos quadros de dados nos sistemas de armazenamento de dados de destino. Essa é a estrutura básica para promover processos de ETL no ambiente de nuvem. Um pipeline de dados em tempo real moverá continuamente os dados transformados para o sistema de armazenamento de destino.

A Tabela 7.1 apresenta uma análise comparativa de alguns quadros ETL baseados na nuvem existentes. Estas são as soluções existentes para o processo ETL baseado na nuvem. Uma lista de soluções pioneiras foi apresentada no mundo académico para promover a ETL quase em tempo real na nuvem. No mundo académico, foi proposta uma solução por [36] para implementar o carregamento incremental de dados na abordagem de micro-lotes. Uma abordagem de ETL preguiçosa foi concebida por [40], em que apenas os dados necessários são extraídos e carregados para visar uma técnica de carregamento de dados de baixo custo. Neste caso, a lógica ETL é integrada na camada de processamento de consultas.

Para abordar as caraterísticas dos grandes dados, foi proposta uma nova solução [49] através da implementação de tarefas ETL no quadro Map-Reduce. Foi criada uma estrutura de programação ETLMR para obter um processo paralelo em dados de grande escala e suportar caraterísticas de esquema floco de neve, esquema em estrela e dimensões que mudam lentamente (SCD). CloudETL [48] é uma estrutura ETL activada pela nuvem que utiliza o Hadoop para paralelizar trabalhos ETL e processar dados no Hive. Aqui, os utilizadores podem utilizar um elevado nível de construções e várias funcionalidades de transformação sem se preocuparem com os detalhes técnicos do MapReduce. Esta estrutura suporta diferentes conceitos dimensionais, como esquemas em estrela, esquemas em floco de neve e manutenção de SCD. Foi desenvolvida uma nova arquitetura distribuída de ETL denominada Striim [61] para suportar transformações de dados em tempo real sobre fluxo de dados. O motor de transformação declarativa baseado no Apache Kafka pretende tratar rapidamente dados de fluxo contínuo em tempo real na nuvem.

Frameworks	Principal Logic	Architecture	Special Feature	Supporting Property
ELTMR [49]	MapReduce	Hadoop	Parallelize ETL processes	Different dimensional concepts
CloudETL [48]	MapReduce	Hadoop, Hive	Scalable data processing	Different dimensional concepts
Striim [61]	Real-time CDC	Hadoop, NoSQL and Kafka	In memory transformations	Real-time data integration

Tabela 7.1: Análise comparativa de diferentes estruturas ETL baseadas na nuvem

7.5 Resumo

Este estudo aborda as limitações dos sistemas tradicionais de integração de dados relativamente às exigências actuais dos fornecedores de ETL. 90% dos dados gerados na evolução digital atual são do tipo semi-estruturado ou não-estruturado. O processo ETL deve tratar este tipo de dados. Para fazer face às exigências do mundo atual, é analisada a forma como a nuvem pode atuar como uma técnica de resolução fundamental. A arquitetura da solução ETL baseada na nuvem representará o ambiente de implantação. Este estudo revela que, para muitas organizações, a transferência de dados confidenciais para a nuvem continua a ser a principal preocupação devido a questões de privacidade. Observa-se que, atualmente, algumas funcionalidades secundárias, como programas de aplicação ou sistemas de gestão de TI, são frequentemente transferidas para a nuvem. As actividades principais são mantidas dentro do acesso organizacional. Como resultado, a IaaS é mais aceite em comparação com a SaaS para a maioria das organizações.

Este capítulo aborda as caraterísticas exigentes das ferramentas ETL actuais. Foi feita uma breve discussão sobre as limitações das ferramentas ETL tradicionais. No atual cenário tecnológico, a nuvem veio ultrapassar os desafios acima referidos. Algumas vantagens e desafios básicos da adoção de uma solução ETL baseada na nuvem são destacados neste artigo. Uma análise comparativa pode dar uma visão aprofundada das suas caraterísticas promissoras. Por fim, foi desenvolvida uma nova estrutura ETL baseada no Spark, que tratará eficazmente o fluxo de dados em tempo real na plataforma da nuvem. Esperamos que este trabalho apresente um cenário visível de uma solução ETL baseada na nuvem. No futuro, planeamos integrar a aprendizagem automática em tempo real com a estrutura ETL proposta para a análise preditiva de dados em fluxo contínuo.

O processamento de grandes volumes de dados pode ser efectuado utilizando a abordagem sugerida. Esta abordagem tem várias vantagens que a tornam uma escolha eficaz para o processamento ETL. É adequada para operações de processamento ETL que envolvam grandes conjuntos de dados porque foi concebida para processar rapidamente grandes quantidades de dados. É fácil de utilizar para cargas de trabalho ETL devido ao seu processo intuitivo. É adequado para trabalhos de integração de dados que podem exigir o processamento de conjuntos de dados muito grandes, uma vez que pode ser rapidamente escalado para lidar com grandes volumes de dados. É uma opção flexível para o processamento ETL porque é simples de combinar com outras ferramentas e plataformas de grandes volumes de dados, como o Hadoop e o Amazon Web Services (AWS). O ETL de fluxo contínuo é uma estrutura eficaz para processar e analisar grandes quantidades de dados quase em tempo real, mas pode não ser a escolha ideal para todos os casos de utilização de fluxo contínuo.

Na prática, a integração de dados em tempo real não é literalmente instantânea. Porque demora pelo menos uma fração de segundo em cada fase da recolha de dados,

transferência, transformação, migração e carregamento. Assim, a ideia do ETL em tempo real é processar e transferir os dados tão rapidamente quanto são recolhidos no lado da fonte. A adoção de estruturas de análise de fluxo contínuo baseadas no Spark pode ser muito útil para o processamento ETL quase em tempo real.

Parte 3: Conclusão

Capítulo 8: Conclusão e trabalho futuro

Nesta dissertação, trabalhámos na modelação, simulação e análise empírica de processos ETL tradicionais e em tempo real e na proposta avançada de gestão de fluxos de trabalho ETL através da utilização de machine learning e da deslocação da carga de trabalho ETL para o ambiente cloud. Neste capítulo, apresento a conclusão do relatório. É apresentado um relatório resumido de cada proposta com o respetivo âmbito futuro.

8.1 Modelo concetual

O processo ETL é responsável por escolher e extrair dados de várias fontes, limpá-los, transformá-los no formato desejado e, em seguida, atualizar o DW. A orientação dos dados e a sua interação durante a atividade de processamento ETL podem ser concebidas utilizando a modelação do processo ETL.

Em primeiro lugar, propusemos um novo modelo de ETL a um nível concetual [14]. O modelo concetual é a base de qualquer processo ETL. Anteriormente, todos os modelos conceptuais de ETL foram desenvolvidos principalmente por UML, BPMN e abordagens baseadas na Web semântica. Na nossa proposta, estamos a utilizar o modelo de sistema orientado para MBSE para conceber o processo ETL. Selecionámos uma nova linguagem de modelação, a SysML, adequada para aplicações de engenharia de sistemas. Ao utilizar a SysML, o modelo do sistema pode ser concebido de uma forma mais expressiva e flexível. A linguagem UML tem a limitação de ter um ponto de vista centrado no software. A SysML é uma extensão da linguagem UML, oferecendo algumas melhorias notáveis em relação à UML.

Foi avaliado um exemplo de um sistema de comércio eletrónico para conceber o modelo ETL. O esquema da base de dados do sistema de comércio eletrónico dá uma ideia básica do sistema de comércio eletrónico. Em primeiro lugar, a notação do diagrama de requisitos e a notação do diagrama de actividades da linguagem SysML são brevemente abordadas. Em seguida, estes dois diagramas SysML são concebidos e explicados a nível concetual. A propagação de dados do sistema de origem para o DW de destino é visível nos diagramas.

A utilização de SysML na modelação concetual de ETL é a primeira abordagem neste domínio. Esperamos que esta proposta melhore a modelação de uma vasta gama de sistemas ETL, para além do seu software, hardware, processos, pessoal, informação e instalações. O nosso paradigma concebido é naturalmente independente da plataforma e fácil de compreender por utilizadores técnicos e não técnicos. Depois disso, o modelo SysML é convertido no código executável relevante. Para analisar com maior precisão o comportamento e os requisitos do sistema no futuro e para alargar a perspetiva do modelo aos níveis lógico e físico, planeamos simular o modelo sugerido.

8.2 Simulação de modelos

A linguagem SysML é utilizada para modelar sistemas complexos de uma forma normalizada. Por conseguinte, existe uma enorme curiosidade em criar modelos de simulação a partir do modelo SysML concebido. A simulação é um método bem aceite para a validação de qualquer sistema. Existem muitas abordagens para a simulação de modelos de sistemas, tanto na comunidade científica como na comunidade industrial.

Neste trabalho alargado, pretendemos simular o nosso modelo ETL proposto, que foi concebido através da linguagem SysML [13]. A execução bem sucedida de uma simulação deve ter uma série de potencialidades. Duas caraterísticas principais são um modelo concetual concebido para ser simulado e a tradução do modelo num programa de simulação ou num processo computacional. Neste trabalho, descrevemos como a nova linguagem gráfica de modelação de sistemas suportada pela OMG, a SysML, pode ser avaliada para formar um modelo independente de plataforma (PIM) a um nível concetual e, em seguida, como este modelo pode ser traduzido para um programa de simulação. Para demonstrar o processo, utilizámos o MagicDraw, que é uma ferramenta de modelação visual para fins de simulação. O modelo de atividade ETL é validado utilizando o ambiente de simulação fornecido por esta ferramenta de modelação.

Neste trabalho, propusemos um modelo de sistema orientado a MBSE para o processo de ETL para o ambiente de Data warehouse. A MBSE é a prática padrão das técnicas de modelação de sistemas para apoiar as actividades de requisitos, conceção, verificação, análise, validação e, finalmente, documentação do sistema. Esta proposta centra-se na criação de uma proposta de modelação SysML executável e automatizada com base num diagrama de actividades. Para o efeito, é adaptado um motor de execução SysML. O método proposto é demonstrado através de um exemplo de um estudo de caso de um sítio Web de comércio eletrónico.

Em trabalhos futuros, é possível conceber os diagramas paramétricos SysML do sistema de processamento ETL. Este explorará a natureza dinâmica da execução de modelos matemáticos concebidos no modelo paramétrico SysML. Há ainda a possibilidade de uma abordagem de simulação baseada em código para qualquer sistema ETL.

8.3 Ferramentas ETL baseadas em código

Na era tecnológica atual, a maioria das aplicações centradas em dados exige uma capacidade de processamento de dados em tempo real, com uma quantidade crescente de metodologia de tratamento de dados num ambiente mais complexo. Também no domínio da investigação se colocam grandes desafios. Existem numerosas ferramentas ETL disponíveis no mercado. A maior parte das ferramentas ETL criadas pelos fornecedores são ferramentas comerciais licenciadas ou algumas ferramentas de código aberto e gratuitas. De um modo geral, a maior parte das organizações opta por adotar qualquer produto baseado em GUI de um fornecedor para a sua solução ETL. No entanto, em alguns casos, o ETL personalizado pode ser a melhor opção em termos de otimização do desempenho e de flexibilidade.

Este trabalho escolheu a opção por uma solução ETL baseada em código [12]. Não foi encontrado nenhum outro trabalho que demonstrasse um inquérito ou uma avaliação comparativa das abordagens ETL baseadas em código. Esta é a singularidade do trabalho. Para este trabalho proposto, foram escolhidas quatro ferramentas ETL baseadas em código de renome: Pygrametl, Petl, Scriptella e R_etl. As suas caraterísticas gerais foram estudadas e foi efectuada uma avaliação comparativa. Em seguida, é apresentada uma análise experimental pormenorizada e uma análise das caraterísticas destas ferramentas selecionadas.

Esta proposta apresenta um novo resumo e uma avaliação dos actuais desenvolvimentos de investigação na área das técnicas de desenvolvimento de ETL programáveis. Muitas organizações continuam a querer desenvolver a sua própria infraestrutura de condutas de dados. Para esta estratégia, é necessário um vasto leque de competências técnicas. O principal objetivo deste trabalho não é recomendar uma determinada ferramenta como sendo boa ou má. Depende das necessidades específicas e da experiência de qualquer organização, incluindo a sua capacidade de escalar, gerir custos, suportar infra-estruturas, manter a confidencialidade, etc. Espero que este trabalho contribua para o desenvolvimento de uma perspetiva rica sobre o processo de ETL. No futuro, poderemos comparar outras tecnologias ETL baseadas em código com os nossos esforços actuais.

8.4   ETL em tempo real

Atualmente, uma grande dificuldade no sector da investigação é a exigência de um volume constante e crescente de tratamento de dados num contexto mais complexo. É necessário um procedimento ETL normalizado, o que tem um impacto económico significativo no sector do BI. Apresentámos aqui uma estrutura ETL com uma facilidade de integração de dados em tempo real, dando continuidade à abordagem ETL baseada em código [11]. O nosso principal objetivo é reduzir a latência dos dados. Estamos a escolher a abordagem de carregamento incremental entre as duas estratégias de carregamento disponíveis para actualizações de armazéns de dados. A abordagem CDC está associada ao carregamento incremental. Apenas os dados recentemente alterados do lado da fonte serão extraídos e propagados para o armazém de dados. As exigências de ETL em tempo real são o principal objetivo deste trabalho.

Defendemos que o carregamento incremental é mais eficiente do que o recarregamento completo, a menos que as fontes de dados operacionais sofram alterações drásticas. É por isso que o carregamento incremental é geralmente preferível. A principal contribuição deste capítulo é a modelação de um processo ETL quase em tempo real com a persuasão do carregamento incremental. No entanto, o desenvolvimento de tarefas ETL para carregamento incremental não é de todo bem suportado pelas ferramentas ETL existentes. De facto, até agora, os programadores de ETL criaram tarefas ETL separadas para o carregamento inicial e o carregamento incremental. Assim, as tarefas de carregamento incremental são consideravelmente mais complexas e propensas a erros. No entanto, esta abordagem revela-se muito melhor do que a anterior.

O trabalho futuro visa conceber uma estrutura ETL unificada baseada em código que suporte bases de dados relacionais e NoSQL com uma biblioteca de transformação rica alojada na plataforma Cloud. Além disso, centrar-nos-emos em operadores de transformação avançados, como a agregação, as junções exteriores e a reestruturação de dados, como a dinamização. Além disso, temos um plano para utilizar a utilização da área de preparação de uma forma melhor. Podemos permitir que os trabalhos ETL persistam dados na área de preparação, servindo como entrada adicional para execuções subsequentes. As limitações do CDC podem ser reduzidas até certo ponto através da utilização da área de teste. Podemos utilizar dados parcialmente alterados através da utilização da área de preparação. Além disso, esperamos melhorias de desempenho com a persistência de resultados intermediários. Neste capítulo, concentrámo-nos na automatização do processo ETL para que, com um mínimo ou nenhuma intervenção manual, os dados possam ser carregados no DW e os trabalhos de análise possam ser efectuados com base em dados em tempo real. A abordagem proposta permite automatizar o processamento de dados, incluindo a automatização do lançamento de bases de dados. A prova de conceito foi realizada com a ferramenta Liquibase, que é utilizada como controlo da fonte da base de dados para gerir as alterações da base de dados. Foi também efectuado um estudo sobre o processo de automatização baseado na aprendizagem automática. Foram identificadas algumas áreas, incluindo o pré-processador de dados, o motor de regras personalizado e a elaboração de relatórios, em que a aprendizagem automática pode ser utilizada. Como próximo passo, serão efectuados trabalhos para implementar as outras partes da abordagem proposta. O estudo prosseguirá com abordagens de aprendizagem automática e com a identificação de outras áreas do processo automatizado onde os algoritmos de aprendizagem automática podem ser incorporados para automatizar totalmente o processo ETL.

8.5 Automatização ETL

O processo ETL exige frequentemente que grandes quantidades de dados sejam retiradas de diversas fontes, formatadas adequadamente e carregadas num sistema de destino. A execução manual destes processos pode ser morosa, propensa a erros e ineficaz. A automatização permite a automatização de actividades complicadas e repetitivas, conduzindo a uma integração de dados mais rápida e precisa.

Neste trabalho, concentrámo-nos na automatização do processo ETL para que os dados possam ser introduzidos nos DW com pouca ou nenhuma assistência manual e para que as tarefas analíticas possam ser realizadas utilizando dados em tempo real [53]. A estratégia sugerida facilita a automatização do processamento de dados, que inclui o lançamento automático da base de dados. A ferramenta Liquibase, que serve de controlo da fonte da base de dados para gerir as actualizações da base de dados, foi submetida a testes de prova de conceito. A técnica de automatização baseada na aprendizagem automática também foi estudada. Existem outros domínios em que a aprendizagem automática pode ser utilizada, como o pré-processamento de dados, os motores de regras personalizados e a elaboração de relatórios. Em seguida, trabalhar-se-á para pôr em prática os outros componentes do método sugerido.

8.6 Integração de ETL na nuvem

Este trabalho tem como principal objetivo descobrir as limitações dos sistemas tradicionais de processamento ETL em relação às exigências actuais dos fornecedores de ETL. A maior parte dos dados gerados na evolução digital atual é do tipo semi-estruturado ou não estruturado. É um desafio gerir a velocidade crescente do volume de dados de tipo complexo. A nuvem pode atuar como uma técnica de resolução crítica para fazer face às exigências do mundo atual. Muitas organizações começaram a mudar para a Nuvem para as suas tarefas de processamento de ETL para obterem a vantagem de condutas ETL robustas e automatizadas, que podem ser implementadas em poucos minutos.

No atual cenário tecnológico, a Nuvem tem a capacidade de ultrapassar os desafios acima referidos. Neste artigo, destacam-se algumas vantagens e desafios básicos da adoção de uma solução ETL baseada na nuvem. É apresentada uma análise comparativa sobre o progresso da pesquisa existente na adoção do ETL na Nuvem. Por fim, foi desenvolvida uma nova estrutura de ETL baseada em Spark, que tratará eficientemente o fluxo de dados em tempo real na plataforma de nuvem [10]. Estamos a tirar partido do Apache Spark, que é adequado para o processamento de dados em grande escala numa estrutura distribuída. Tem um enorme potencial para processar grandes volumes de dados provenientes de aplicações em tempo real. Esperamos que este trabalho apresente uma solução notável para a abordagem de processamento ETL baseada na nuvem. No futuro, planeamos integrar a aprendizagem automática em tempo real com o quadro ETL proposto para a análise preditiva de dados em fluxo contínuo.

Bibliografia

[1]   C. C. Aggarwal. *Data classification: algorithms and applications (Classificação de dados: algoritmos e aplicações).* CRC press, 2014.

[2]   I. Ankorion. "ETL eficiente de captura de dados de alterações para BI em tempo real". In: *Information Management* 15.1 (2005), p. 36.

[3]   S. Ayhan et al. "Predictive analytics with aviation big data". In: *Conferência sobre Comunicações Integradas, Navegação e Vigilância (ICNS13).* 2013, pp. 1-13.

[4]   D P. Ballou e G K. Tayi. "Melhorar a qualidade dos dados em ambientes de armazém de dados". In: *Communications of the ACM* 42.1 (1999), pp. 73-78.

[5]   J. Barateiro e H. Galhardas. "Um estudo sobre ferramentas de qualidade de dados". In: *Datenbank- Spektrum* 14.15-21 (2005), p. 48.

[6]   O. Batarseh e L. McGinnis. "Modelação de sistemas em sysml e análise de sistemas em arena". In: *Actas da Conferência de Simulação de inverno.* Conferência de Simulação de inverno. 2012, p. 258.

[7]   B. Baumer. "Uma gramática para operações de extração-transformação-carga reproduzíveis e indolores em dados médios". Em: *arXiv preprint arXiv: 1708.07073* (2017).

[8]   O. Belo et al. "Geração Automática de Sistemas Físicos ETL a partir de Modelos Conceptuais BPMN". In: *Model and Data Engineering.* Springer, 2015, pp. 239-247.

[9]   *Melhores práticas para o armazenamento de dados em tempo real.* Livro branco. Oracle, 2012.

[10] N. Biswas e K. C. Mondal. "Integração de ETL em nuvem usando Spark para dados de streaming". In: *Conferência Internacional sobre Aplicações Emergentes de Tecnologia da Informação.* Springer. 2021, pp. 172-182.

[11] N. Biswas, A. Sarkar e K. C. Mondal. "Carregamento incremental eficiente no processamento ETL para integração de dados em tempo real". In: *Inovações em Engenharia de Sistemas e Software* 16.1 (2020), pp. 53-61.

[12] N. Biswas, A. Sarkar e K. C. Mondal. "Empirical Analysis of Programmable ETL Tools" (Análise empírica de ferramentas ETL programáveis). In: *Conferência Internacional sobre Inteligência Computacional, Comunicações e Análise de Negócios.* Springer. 2018, pp. 267-277.

[13] N. Biswas et al. "A New Approach for Conceptual Extraction-TransformationLoading Process Modeling". In: *International Journal of Ambient Computing and Intelligence (IJACI)* 10.1 (2019), pp. 30-45.

[14] N. Biswas et al. "SysML Based Conceptual ETL Process Modeling". In: *Conferência Internacional sobre Inteligência Computacional, Comunicações e Análise de Negócios.* Springer. 2017, pp. 242255.

[15] M. B. Bokade, S. S. Dhande e H. R. Vyavahare. "Framework Of Change Captura de dados e armazém de dados em tempo real". In: Revista Internacional de Pesquisa em Engenharia e Tecnologia. Vol. 2. 4. Publicações ESRSA. 2013.

[16]   M. Castellanos et al. "Automating the loading of business process data warehouses". In: *Actas da 12ª Conferência Internacional sobre a Extensão da Tecnologia de Bases de Dados: Avanços na tecnologia de bases de dados*. ACM. 2009, pp. 612-623.

[17]   L. Chen, W. Rahayu e D. Taniar. "Towards Near Real -Time Data Warehousing". In: *24th IEEE International Conference on Advanced Information Networking and Ap- plications (AINA)*. 2010, pp. 11501157.

[18]   A. Cuzzocrea, N. Ferreira, e P. Furtado. "Armazenamento de dados em tempo real: A Rewrite/Merge Approach". In: *Data Warehousing and Knowledge Discovery*. Springer, 2014, pp. 78-88.

[19]   Tharam Dillon, Chen Wu e Elizabeth Chang. "Cloud computing: questões e desafios". Em: *Advanced Information Networking and Applications (AINA), 2010 24th IEEE International Conference on*. IEEE. 2010, pp. 27-33.

[20]   M. J. Eccles, D. J. Evans e A. J. Beaumont. "True Real -Time Change Data Capture with Web Service Database Encapsulation". In: *Serviços (SERVICES-1), 2010 6th World Congress on*. IEEE. 2010, pp. 128-131.

[21]   W. Eckerson e C. White. "Avaliação de ETL e plataformas de integração de dados". In: *Report of The Data Warehousing Institute* 184 (2003).

[22]   *Integração de dados eficiente e em tempo real com Change Data Capture*. White Paper. http://attunity.com. Attunity Ltd., 2009.

[23]   J. A. Estefan. "Levantamento de metodologias de engenharia de sistemas baseada em modelos (MBSE)". In: *Incose MBSE Focus Group* 25.8 (2007).

[24]   M. Fischer, M. Pinzger, e H. Gall. "Populating a release history database from version control and bug tracking systems". In: *Conferência Internacional sobre Manutenção de Software, 2003. ICSM 2003. Actas*. IEEE. 2003, pp. 23-32.

[25]   E. Franconi e A. Kamblet. "Um modelo concetual de dados de armazém de dados". In: *Actas da 16ª Conferência Internacional sobre Gestão de Bases de Dados Científicas e Estatísticas*. 2004, pp. 435-436.

[26]   S. Friedenthal, A. Moore e R. Steiner. *Um guia prático para SysML: a linguagem de modelação de sistemas*. Morgan Kaufmann, 2014.

[27]   S. Friedenthal, A. Moore e R. Steiner. "Tutorial OMG SysML™ da linguagem de modelagem de sistemas OMG". In: *Simpósio Internacional da INCOSE*. Vol. 18. 1. Biblioteca Online Wiley. 2008, pp. 1731-1862.

[28]   Keen Hahn. "Estudo de caso do sector: Modernizando o Data Warehouse para TI de Finanças". Em: (2019).

[29]   Laura E. Hart. *Introdução à Engenharia de Sistemas Baseada em Modelos (MBSE) e SysML*. http://www.incose.org/docs/default-source/delaware- valley/mbse- overview-incose-30- july-2015.pdf. 30 de julho de 2015.

[30]   M. Hause. "A linguagem de modelação sysml". In: *15ª Conferência Europeia de Engenharia de Sistemas*. Vol. 9. 2006.

[31] W. Inmon. *Building the data warehouse.* John wiley & sons, 2005.

[32] R. J. e J. Bernardino. "Metodologia de carregamento de data warehouse em tempo real". In: *Pro- ceedings of the 2008 international symposium on Database engineering & applications.* ACM. 2008, pp. 49-58.

[33] T. Jain, R. S, e S. Saluja. "Atualização do armazém de dados em tempo quase real". In: *Interna- tional Journal of Computer Applications* 46.18 (2012).

[34] T. Jorg e S. Dessloch. "Formalizing ETL Jobs for Incremental Loading of Data Warehouses". In: *BTW.* 2009, pp. 327-346.

[35] T. Jorg e S. Dessloch. "Armazenamento de dados quase em tempo real usando ferramentas ETL de última geração". In: *Enabling Real-Time Business Intelligence.* Springer, 2009, pp. 100-117.

[36] T. Jorg e S. Dessloch. "Towards Generating ETL Processes for Incremental Load- ing". In: *Actas do Simpósio Internacional de 2008 sobre Aplicações de Engenharia de Bases de Dados (IDEAS08).* ACM, 2008, pp. 101-110. isbn: 978-1-60558-188-0.

[37] K. Kakish e T. A. Kraft. "Evolução ETL para armazenamento de dados em tempo real". In: *In: Anais da Conferência sobre Pesquisa Aplicada em Sistemas de Informação* (2012). issn: 2167-1508.

[38] G. Kapos et al. "An integrated framework for automated simulation of SysML models using DEVS". In: *Simulation* 90.6 (2014), pp. 717-744.

[39] A. Karakasidis, P. Vassiliadis, e E. Pitoura. "Filas ETL para armazéns de dados activos". In: *Actas do 2Nd International Workshop on Information Quality in Information Systems (IQIS05).* ACM, 2005, pp. 28-39.

[40] H. Kargin Y.e Pirk et al. "Instant-on scientific data warehouses lazy ETL for data-intensive research". In: (2013).

[41] V. Kashyap e A. Sheth. "Semelhanças semânticas e esquemáticas entre objectos de bases de dados: uma abordagem baseada no contexto". In: *The VLDB Journal- The International Journal on Very Large Data Bases* 5.4 (1996), pp. 276-304.

[42] V. A. Kherdekar e P. S. Metkewar. "A Technical Comprehensive Survey of ETL Tools" (Um estudo técnico exaustivo das ferramentas ETL). Em: *Revista Internacional de Pesquisa em Engenharia Aplicada* 11.4 (2016), pp. 2557- 2559.

[43] S. B. Kotsiantis, I. Zaharakis, e P. Pintelas. "Aprendizagem automática supervisionada: Uma revisão das técnicas de classificação". In: *Aplicações emergentes de inteligência artificial em engenharia informática* 160 (2007), pp. 3-24.

[44] SB Kotsiantis, D. Kanellopoulos, e PE Pintelas. "Data preprocessing for supervised leaning". In: *International Journal of Computer Science* 1.2 (2006), pp. 111-117.

[45] W. Labio e H. Garcia-Molina. "Algoritmos diferenciais de instantâneos eficientes para armazenamento de dados". In: *Actas da 22ª Conferência Internacional sobre Bases de Dados Muito Grandes (VLDB 96).* Morgan Kaufmann Publishers Inc., 1996, pp. 63-74. isbn: 1-55860- 382-4.

[46] J. Langseth. *Armazenamento de dados em tempo real: Desafios e soluções*.

[47] B. Lindsay et al. *Um algoritmo de atualização diferencial de instantâneos*. Vol. 15. 2. ACM, 1986.

[48] X. Liu, C. Thomsen e T. B. Pedersen. "CloudETL: ETL dimensional escalável para Hadoop e Hive". In: *História* (2012).

[49] X. Liu, C. Thomsen e T. B. Pedersen. "ETLMR: uma estrutura ETL dimensional altamente escalável baseada em mapreduce". In: *Transações em sistemas centrados em dados e conhecimento em grande escala VIII*. Springer, 2013, pp. 1-31.

[50] S. Luján-Mora e J. Trujillo. "Modelação física de armazéns de dados utilizando UML". In: *Actas do 7º workshop internacional da ACM sobre Data warehousing e OLAP*. ACM. 2004, pp. 48-57.

[51] Tim A Majchrzak, Tobias Jansen e Herbert Kuchen. "Avaliação da eficiência de ferramentas ETL de código aberto". In: *Actas do Simpósio ACM 2011 sobre Computação Aplicada*. ACM. 2011, pp. 287-294.

[52] *MBSE Wiki*. http://www.omgwiki.org/MBSE/doku.php.

[53] K. C. Mondal, N. Biswas e S. Saha. "Role of Machine Learning in ETL Automa- tion" (Papel da aprendizagem automática na automatização da ETL). In: *Anais da 21ª Conferência Internacional sobre Computação Distribuída e Redes*. 2020, pp. 1-6.

[54] M. Mrunalini, T. S. Kumar e K. R. Kanth. "Simulação de extração segura de dados em processos de carregamento de transformação de extração (ETL)". In: *Terceiro Simpósio Europeu UKSim sobre Modelação e Simulação por Computador (EMS 09)*. IEEE. 2009, pp. 142-147.

[55] M Mrunalini, TV S. Kumar e K R. Kanth. "Secure ETL Process Model: An Assess of Security in Different Phases of ETL". In: *International Journal of Software Engineering* 6.s1 (2013).

[56] R.P.D. Nath et al. "SETL: A semantic extract-transform- load frame work programmable for semantic data warehouses". In: Sistemas de Informação 68 (2017), pp. 17-43.

[57] OMG.   Transformação   SysML-Modelica   (SyM). http://www.omg.org/spec/SyM/1.0/.

[58] Linguagem de modelação de sistemas OMG. http://www.omgsysml.org/.

[59] Oracle9i Data Warehousing Guide. https://docs.oracle.com.

[60] A. S. Pall e J. S. Khaira. "Uma revisão comparativa das ferramentas de extração, transformação e carregamento". In: Database Systems Journal 4.2 (2013), pp. 42-51.

[61] A. Pareek et al. "ETL em tempo real no Striim". In: Proceedings of the International Work- shop on Real-Time Business Intelligence and Analytics. 2018, pp. 1-10.

[62] S. Parente C.e Spaccapietra. "Questões e Abordagens de Integração de Bases de Dados". In: *ACM Communication* 41.5es (1998), pp. 166-178. issn: 0001-0782.

[63] N. Polyzotis et al. "Supporting streaming updates in an active data warehouse". In: *IEEE*

23rd International Conference on Data Engineering (ICDE 07). IEEE. 2007, pp. 476-485.

[64]   N Prasath e J Sreemathy. "Uma nova abordagem para a técnica de migração de dados em nuvem usando a ferramenta Talend ETL". Em: *2021 7ª Conferência Internacional sobre Sistemas Avançados de Computação e Comunicação (ICACCS)*. Vol. 1. IEEE. 2021, pp. 1674-1678.

[65]   W. Qu et al. "Real-Time Snapshot Maintenance with Incremental ETL Pipelines in Data Warehouses" (Manutenção de Instantâneos em Tempo Real com Pipelines ETL Incrementais em Armazéns de Dados). In: *Big Data Analytics and Knowledge Discovery*. Springer, 2015, pp. 217-228.

[66]   V. Radhakrishna e K. SravanKiran V.e Ravikiran. "Automatização do processo ETL com tecnologia de scripting". In: *Conferência Internacional de Engenharia da Universidade Nirma (NUiCONE)*. IEEE. 2012, pp. 1-4.

[67]   E. Rahm e H. H. Do. "Limpeza de dados: Problemas e abordagens actuais". In: *IEEE Data Engineering Bulletine* 23.4 (2000), pp. 3-13.

[68]   P. Russom. "ANÁLISE DE GRANDES DADOS". Em: *Relatório de Melhores Práticas da TDWI, Quarto Trimestre de 2011*. TDWI Research. 2011, pp. 1-38.

[69]   A. I. Saada, G. A. El Khayat e S. K. Guirguis. "Técnica de ETL baseada em computação em nuvem usando agentes intermediários de armazém". In: *Conferência Internacional sobre Engenharia de Computadores e Sistemas (ICCES 11)*. IEEE. 2011, pp. 301-306.

[70]   R. J. Santos e J. Bernardino. "Otimização de procedimentos de carregamento de data warehouses para permitir um data warehousing em tempo útil". In: *Actas do Simpósio Internacional de Engenharia e Aplicações de Bases de Dados*. ACM. 2009, pp. 292-299.

[71]   N. Schmidt et al. "Avaliação de ferramentas ETL - um quadro de critérios". In: ().

[72]   F. Sebastiani. "Aprendizagem automática na categorização automática de textos". In: *ACM computing surveys (CSUR)* 34.1 (2002), pp. 1-47.

[73]   A. Simitsis. "Mapeamento de modelos conceptuais para modelos lógicos para processos ETL". In: *Actas do DOLAP* (2005), 67-76.

[74]   A. Simitsis e P. Vassiliadis. "Uma metodologia para a modelação concetual de processos ETL". In: *Actas da DSE* (2003).

[75]   S. Snezana e M. Violeta. "Ferramentas de Business Intelligence para análise de dados estatísticos". In: *Actas da 32ª Conferência Internacional sobre Inter-faces de Tecnologias de Informação (ITI 10)*. 2010, pp. 199-204.

[76]   I. M. Sukarsa, N. W. Wisswani, e IK Gd Darma. "Change Data Capture on OLTP Staging Area for Nearly Real Time Data Warehouse Base on Database Trigger". In: *Revista Internacional de Aplicações Informáticas* 52.11 (2012).

[77]   Y. Sun et al. "An Architecture Model of Management and Monitoring on Cloud Services Resources". In: *Conferência Internacional sobre Teoria e Engenharia da Computação Avançada (ICACTE)*. IEEE. 2010, pp. 27-33.

[78]   S. Suresh et al. *Method and architecture for automated optimization of ETL throughput in data warehousing applications (Método e arquitetura para otimização automática do rendimento ETL em aplicações de armazenamento de dados).* Patente US 6,208,990. 2001.

[79]   D. M. Tank et al. "Speeding ETL processing in data warehouses using high-performance joins for Changed Data Capture (CDC)". Em: *Avanços em Tecnologias Recentes em Comunicação e Computação (ARTCom), Conferência Internacional de 2010.* IEEE. 2010, pp. 365-368.

[80]   M. N. Tho e A. M. Tjoa. "Armazenamento de dados com latência zero para fontes de dados heterogéneas e fluxos de dados contínuos". In: *5ª Conferência Internacional sobre Integração de Informação e Serviços de Aplicações baseadas na Web.* 2003, pp. 55-64.

[81]   C. Thomsen e T. Pedersen. "ETL programável paralelo fácil e eficaz". In: *Actas do 14º workshop internacional da ACM sobre Data Warehousing e OLAP.* ACM. 2011, pp. 37-44.

[82]   C. Thomsen e T. Pedersen. "pygrametl: Uma poderosa estrutura de programação para programadores de extração-transformação-carga". In: *Proceedings of the ACM twelfth international workshop on Data warehousing and OLAP.* ACM. 2009, pp. 49-56.

[83]   J. Trujillo e S. L. Mora. "Uma abordagem baseada em UML para a modelação de processos ETL em armazéns de dados". In: *LNCS, Springer Verlag* 2813/2003 (2003), 307-320.

[84]   V. Tziovara, P. Vassiliadis e A. Simitsis. "Decidir a implementação física de fluxos de trabalho ETL". In: *Actas do décimo workshop internacional da ACM sobre Data warehousing e OLAP.* ACM. 2007, pp. 49-56.

[85]   P. Vassiliadis. "Um estudo da tecnologia Extrair - Transformar - Carregar". In: *International Journal of Data Warehousing and Mining* 5.3 (2009), pp. 1-27.

[86]   P. Vassiliadis e A. Simitsis. "Extração, transformação e carregamento". In: *Encyclopedia of Database Systems.* Springer, 2009, pp. 1095-1101.

[87]   P. Vassiliadis e A. Simitsis. "ETL em tempo quase real". In: *Springer Annals of Informa- tion Systems* 3.978-0-387-87430-2 (2008). Edição especial sobre Novas Tendências em Armazenamento de Dados e Análise de Dados.

[88]   P. Vassiliadis, A. Simitsis e S. Skiadopoulos. "On the Logical Modeling of ETL Processes" (Sobre a modelação lógica dos processos ETL). In: *Proc. Conferência Internacional sobre Engenharia Avançada de Sistemas de Informação* (2002), 782-786.

[89]   *Vertica.* http://www.vertica.com/the-analytics-platform/real-time-loading-querying/.

[90]   T. Weilkiens. *Systems engineering with SysML/UML: modeling, analysis, design.* Morgan Kaufmann, 2011.

[91]   A. Wibowo. "Problemas e soluções disponíveis na fase de Extração, Transformação e Carregamento no armazenamento de dados em tempo quase real (um estudo da literatura)". In: *Seminário Internacional de Tecnologia Inteligente e*

suas Aplicações (ISITIA). 2015, pp. 345-350.

[92] N. E. Qagiltay et al. "Abordagem do modelo concetual abstrato de base de dados". In: *Conferência sobre Ciência e Informação. 2013,* pp. 275-281.

I want morebooks!

Buy your books fast and straightforward online - at one of world's fastest growing online book stores! Environmentally sound due to Print-on-Demand technologies.

Buy your books online at
www.morebooks.shop

Compre os seus livros mais rápido e diretamente na internet, em uma das livrarias on-line com o maior crescimento no mundo! Produção que protege o meio ambiente através das tecnologias de impressão sob demanda.

Compre os seus livros on-line em
www.morebooks.shop

Printed by Books on Demand GmbH, Norderstedt / Germany